Tiago Forte

Die PARA-Methode

Wie Sie Ihr digitales Leben vereinfachen, organisieren und meistern

REDLINE | VERLAG

Die PARA Methode

Wie Sie Ihr digitales Leben vereinfachen, organisieren und meistern

TIAGO FORTE

VOM BESTSELLERAUTOR VON *BUILDING A SECOND BRAIN*

Bibliografische Information der Deutschen Nationalbibliothek
Die Deutsche Nationalbibliothek verzeichnet diese Publikation in der Deutschen Nationalbibliografie. Detaillierte bibliografische Daten sind im Internet über http://dnb.d-nb.de abrufbar.

Für Fragen und Anregungen
info@m-vg.de

Wichtiger Hinweis
Dieses Buch ist für Lernzwecke gedacht. Es stellt keinen Ersatz für eine individuelle medizinische Beratung dar und sollte auch nicht als solcher benutzt werden. Wenn Sie medizinischen Rat einholen wollen, konsultieren Sie bitte einen qualifizierten Arzt. Der Verlag und die Autorin haften für keine nachteiligen Auswirkungen, die in einem direkten oder indirekten Zusammenhang mit den Informationen stehen, die in diesem Buch enthalten sind.

1. Auflage 2024

Türkenstraße 89
80799 München
Tel.: 089 651285-0

Die Originalausgabe erschien 2023 bei Atria Books, einem Imprint der Simon & Schuster Inc. unter dem Titel *The PARA Method*.

Übersetzung: Petra Pyka
Redaktion: Matthias Höhne
Umschlaggestaltung: Marc-Torben Fischer
Satz: Satzwerk Huber, Germering
Druck: Florjancic Tisk d.o.o., Slowenien
Printed in the EU

ISBN Print 978-3-86881-968-7
ISBN E-Book (PDF) 978-3-96267-593-6
ISBN E-Book (EPUB, Mobi) 978-3-96267-594-3

Für meine Mutter Valéria,
deren Geduld und Tiefsinn ich es zu verdanken habe,
dass sich mir die Geheimnisse guter Organisation erschließen.

Inhalt

Die PARA-Methode

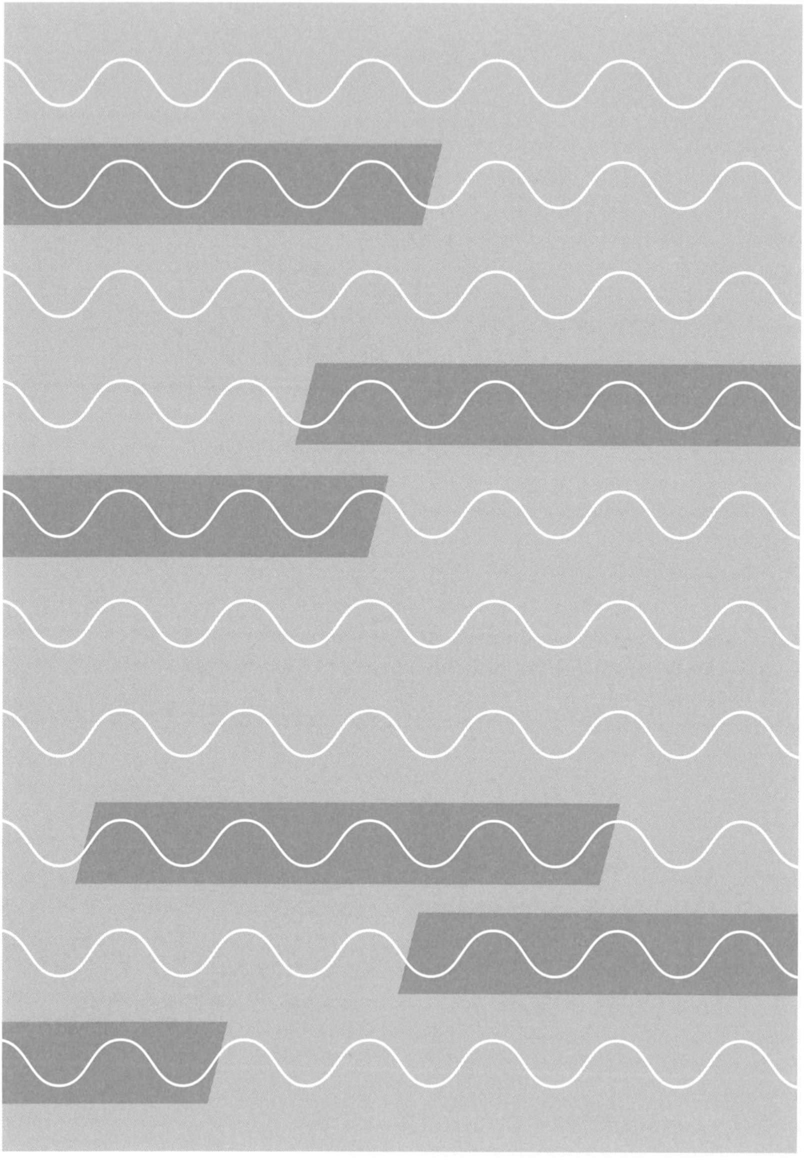

Wie Sie dieses Buch verwenden

Jedes Wort in diesem Buch dient nur einem Zweck: Ihnen einen Handlungsanstoß zu geben.

Streichen Sie sich beim Lesen alles an, was Sie interessant, überraschend oder für sich persönlich besonders relevant finden. Diese Hervorhebungen könnten die ersten Bausteine Ihres neuen PARA-Systems werden!

Ich habe dieses Buch in drei Teile gegliedert. Der erste enthält alles, was Sie wissen müssen, um loszulegen. Ich empfehle Ihnen dringend, das Buch zur Seite zu legen, wenn Sie den ersten Teil gelesen haben, und sich an der Einrichtung Ihres persönlichen PARA-Systems zu versuchen. Wenn Sie sich an meine Anleitung halten, ist das in nicht einmal sechzig Sekunden erledigt.

Der zweite Teil enthält zusätzliche Leitlinien und bewährte Verfahren aus meinen Jahren als Coach für die Einführung der PARA-Methode. Folgen Sie meinem Rat und nutzen Sie die Erinnerungsfunktion Ihres Kalenders, um sich diesen Teil noch einmal vorzunehmen, nachdem Sie Ihr System ein paar Wochen lang in der Praxis getestet haben.

Der dritte Teil vertieft komplexere Themen, die meine Mitarbeitenden, Kunden und Studierenden nützlich gefunden haben – etwa wie man eine Projektliste formuliert, sich die richtigen Verhaltensweisen aneignet, um gut organisiert zu bleiben und wie man die PARA-Methode unter anderem dazu einsetzt, sich besser zu fokussieren. Diese Kapitel können Sie sich nach Bedarf vornehmen, wenn Sie feststellen, dass Sie noch mehr Hilfestellung benötigen.

Früher habe ich mich gezwungen, jedes Buch, das ich zur Hand nahm, von vorn bis hinten durchzulesen – ohne Ausnahme. Ich quälte mich durch zahllose, öde, belanglose Wälzer, bis mir schließlich klar wurde, dass diese Herangehensweise absolut kontraproduktiv war. Es kräht kein Hahn danach, ob Sie in ein Buch nur reinschnuppern, es quer- oder zu Ende lesen. Bücher sind keine Trophäen, die man in die Vitrine stellt. Und sie beweisen auch nicht, dass man etwas dazugelernt hat.

Ein Buch zu lesen, lohnt sich nur, wenn man ***das Gelesene auch umsetzt,*** und das ist schon nach den ersten fünf Kapiteln möglich.

Um Ihr Engagement zu verdoppeln, gebe ich Ihnen fünf Versprechen dazu, was passieren wird, sobald Sie die PARA-Methode übernehmen:

ERSTES VERSPRECHEN

Sie werden Ihre Zeit nicht länger mit der Suche nach Informationen verschwenden:
Sie werden immer genau wissen, wo sich Ihre wichtigsten Aufzeichnungen und Dokumente befinden und wie Sie diese in Sekunden zur Hand haben.

ZWEITES VERSPRECHEN

Sie werden sich stärker darauf fokussieren, was wirklich zählt:

Sie werden klarer erkennen, was für Sie wichtig ist, sodass Sie Ihr Leben dann ganz bewusst mit Ihren Interessen und Zielen in Einklang bringen können.

DRITTES VERSPRECHEN

Sie werden Ihre Pläne verwirklichen:

Sie werden zuverlässig beenden, was Sie angefangen haben, nichts mehr auf die lange Bank schieben und auf vorhandenes Wissen zurückgreifen, um schneller voranzukommen.

VIERTES VERSPRECHEN

Sie werden einen Anstieg Ihrer Kreativität und Produktivität erleben:
Sie erhalten Zugang zu einem Spielplatz für Ihre Ideen. Auf diese Weise können Sie endlich die Kreativität freisetzen, die in Ihnen verschlossen war.

FÜNFTES VERSPRECHEN

Sie werden mit der Informationsüberflutung zurechtkommen und müssen so nie wieder befürchten, etwas zu verpassen:

Sie werden keine Angst mehr haben, es könnte Ihnen etwas Wichtiges entgehen, sondern stattdessen sicher sein, dass Sie über alle nötigen Voraussetzungen verfügen, um vorwärtszukommen.

Los geht's!

TEIL

I

DIE GRUNDLAGEN DER PARA-METHODE

1

Einführung in die PARA-Methode

Stellen Sie sich für einen Moment vor, Sie hätten ein perfektes Organisationssystem.

Ein System, das Ihnen ganz genau sagt, wo Sie jede Information in Ihrem digitalen Leben abspeichern sollen – jedes Dokument, jede Datei und Notiz, jedes Programm, jede Skizze und Recherche – und wo Sie diese wiederfinden, wenn Sie sie brauchen.

Ein solches System müsste kinderleicht einzurichten und noch leichter zu pflegen sein. Schließlich haben langfristig nur solche Gewohnheiten Bestand, die den wenigsten Aufwand erfordern.

So ein System müsste flexibel sein, indem es sich auf die Bedürfnisse einstellt, die in unterschiedlichen Lebensphasen bestehen, und gleichzeitig so universell anwendbar, dass Sie es überall dort einsetzen können, wo Sie Informationen speichern.

Etwa für den Dokumentenordner auf Ihrem Rechner oder für Ihre Speicherplattform in der Cloud[1] oder Ihre App für digitale Notizen[2].

Vor allem aber müsste das ideale Organisationssystem eines sein, das Ihnen im Beruf und im Privatleben unmittelbar konkrete Vorteile bringt. Es müsste Ihnen ermöglichen, Projekte deutlich schneller zum Abschluss zu bringen und die Ziele zu erreichen, die Ihnen besonders am Herzen liegen.

Man könnte auch sagen, das ultimative Organisationssystem für Ihr Leben müsste *praxistauglich* sein.

Statt Ihnen zusätzliche Hindernisse in den Weg zu legen und diejenigen Schritte zu verzögern, die Sie effektiv weiterbringen, müsste es diese beschleunigen und Ihnen den Einstieg und die konsequente Durchführung erleichtern.

Nach über einem Jahrzehnt der persönlichen Experimente, der Unterweisung Tausender Studierender und der Tätigkeit als Coach für hochkarätige Profis, habe ich ein solches System entwickelt. Es ist bereits im Einsatz – bei Grundschuldkindern ebenso wie in multinationalen Konzernen.

1 Häufig verwendete Cloud-Speicherplattformen sind unter anderem Microsoft OneDrive, Google Drive, Box und Dropbox.

2 Beliebte Notiz-Apps sind beispielsweise Notion, Evernote, Microsoft OneNote, Apple Notes, Google Keep und Obsidian. Eine vollständige Liste mit meinen Empfehlungen, welche App Sie wählen sollten, finden Sie in unserem Ressourcen-Guide auf buildingasecondbrain.com/resources (in englischer Sprache).

Dabei handelt es sich um die PARA-Methode – ein einfaches, umfassend anwendbares, aber dennoch flexibles System für die Organisation von Informationen auf jeder beliebigen digitalen Plattform.[3]

Ob Sie nun Auszüge aus einem Buch aufbewahren möchten, das Sie gerade lesen, oder ein Sprach-Memo über eine faszinierende neue Idee, inspirierende Zitate aus einem Podcast-Interview, Web-Lesezeichen mit nützlichen Online-Ressourcen, Notizen zu wichtigen Meetings oder Telefongesprächen am Arbeitsplatz, Fotos mit liebgewonnenen Erinnerungen oder private Tagebucheinträge – dieses System liefert Ihnen das Instrumentarium, mit dem Sie alle Informationen bis weit in die Zukunft hinein erhalten können. Und mehr noch – wenn Sie das System richtig einsetzen, können Sie alles erreichen, was Sie sich vornehmen.

---

3 *Para* ist griechisch und bedeutet »Seite an Seite« im Sinne von »parallel«. PARA funktioniert also »Seite an Seite« mit unserem Gehirn, um unser Gedächtnis zu erweitern und unseren Gedanken auf die Sprünge zu helfen.

Vier Kategorien, in die Ihr ganzes Leben passt

PARA gründet auf einer einfachen Beobachtung: Es gibt nur vier Kategorien, in die alle Informationen in Ihrem Leben fallen.[4]

PROJEKTE	Kurzfristige Vorhaben, mit denen Sie sich aktuell befassen
AUFGABEN	Langfristige Aufgaben, die Sie irgendwann erledigen wollen
RESSOURCEN	Themen oder Interessen, die in Zukunft nützlich sein könnten
ARCHIVE	Inaktive Elemente aus den übrigen drei Kategorien

Sie haben **Projekte**, an denen Sie gerade aktiv arbeiten – kurzfristige Vorhaben (beruflicher oder privater Natur), die Sie mit einem bestimmten Ziel im Hinterkopf umsetzen. Beispiele dafür sind:

- Webdesign fertigstellen
- einen neuen Rechner anschaffen
- einen Analysebericht schreiben
- das Bad renovieren

4 Eine umfassende Auflistung häufiger Beispiele für jeden der Buchstaben, aus denen sich das Akronym PARA zusammensetzt, finden Sie auf buildingasecondbrain.com/para/examples (in englischer Sprache).

- den Spanischkurs abschließen
- das Wohnzimmer neu einrichten

Darüber hinaus haben Sie **Aufgaben** – wichtige Bereiche Ihres Berufs- und Privatlebens, die ganz allgemein laufend Aufmerksamkeit erfordern. Dazu gehören zum Beispiel:

- berufliche Verpflichtungen wie Marketing, Personalmanagement, Produktmanagement, Forschung und Entwicklung, Personalführung oder Softwareentwicklung
- private Verpflichtungen wie Gesundheit, Finanzen, Kinder, Schreiben, Auto oder Eigenheim

Dann verfügen Sie noch über **Ressourcen**[5] zu verschiedenen Themen, für die Sie sich interessieren und die Sie vertiefen möchten, wie:

- Grafikdesign
- biologisches Gärtnern
- Webdesign
- japanische Küche
- Fotografie
- Marketing-Assets

---

5 Alternative Bezeichnungen, die andere für diese Kategorie besser fanden, sind »Referenzen« oder »Recherchen«.

Und schließlich haben Sie **Archive**, in denen Sie alles aus den vorangegangenen drei Kategorien ablegen, was gerade nicht aktuell ist, worauf Sie aber in Zukunft vielleicht noch einmal zurückgreifen möchten – zum Beispiel:

- Projekte, die abgeschlossen sind oder auf Eis gelegt wurden
- Aufgaben, die nicht mehr akut anstehen oder relevant sind
- Ressourcen, für die Sie sich nicht mehr interessieren

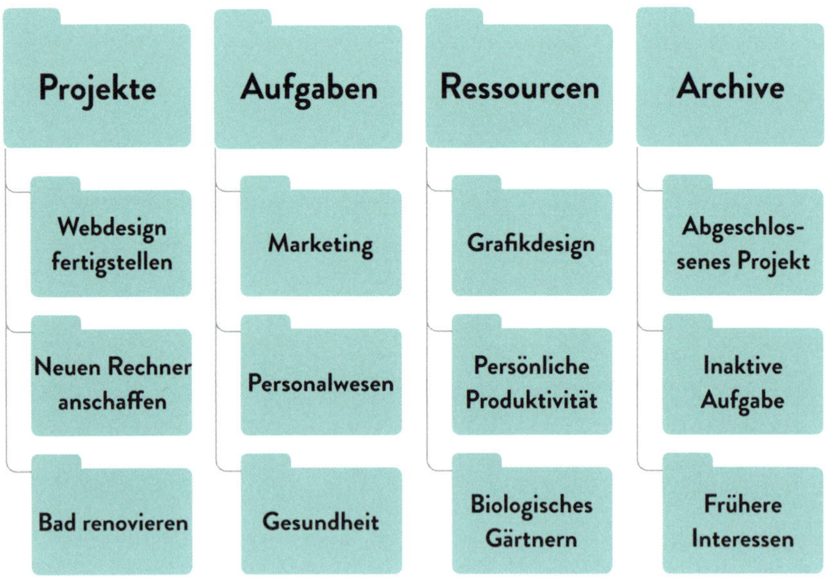

Und das war's! Vier übergeordnete Ordner[6] – Projekte, Aufgaben, Ressourcen und Archive –, die jeweils Unterordner enthalten für die einzelnen Projekte, Aufgaben, Ressourcen oder Archive Ihres Lebens.

Sie können sich vielleicht nur schwer vorstellen, dass sich ein komplexes modernes Menschenleben wie Ihres auf gerade einmal vier Kategorien reduzieren lässt. Womöglich glauben Sie, Sie hätten noch weit mehr vor, als in ein derart einfaches System passt. Doch genau da liegt der Hase im Pfeffer: Ist Ihr Organisationssystem genauso komplex wie Ihr Leben, dann erfordert es so viel Pflege, dass es Sie der Zeit und Kraft beraubt, die Sie für dieses Leben brauchen.

6 Ich verwende den Begriff »Ordner« für die Hauptorganisationseinheit, die die meisten Softwareprogramme verwenden. Manche Programme bieten stattdessen auch Verzeichnisse, Notizbücher, Tags oder Links an. Das funktioniert genauso gut.

Ein System, das Sie verwenden, um Informationen zu organisieren, muss so einfach sein, dass Sie sich ***mehr*** auf andere Dinge konzentrieren können statt auf das System selbst. Es muss Ihnen mehr Zeit verschaffen, nicht umgekehrt.

Der wichtigste Grundsatz: Organisieren Sie Informationen nach Projekten und Zielen

Wie man Informationen organisiert, haben die meisten von uns in der Schule gelernt. Dort wurde uns beigebracht, unsere Notizen, Handzettel und Lernstoffe nach *Fächern* einzuteilen wie Mathe, Geschichte oder Chemie.

Unbewusst übernahmen wir diesen Ansatz ins Erwachsenenleben. Wir unterteilten unsere Dokumente und Dateien weiter nach unglaublich weit gefassten Fächern oder Themengebieten wie »Marketing«, »Psychologie«, »Betriebswirtschaft« oder »Ideen«.

Mit dem Einstieg ins Berufsleben ist das aber nicht mehr sinnvoll. Am Arbeitsplatz gibt es keine Klassen, keine Tests, keine Noten und keine Abschlusszeugnisse. Da ist kein Lehrer, der Ihnen sagt, was Sie sich für die Abschlussprüfung notieren sollten, denn eine solche gibt es nicht.

Doch bei der Arbeit gibt es wie in allen Lebensbereichen *Ergebnisse, die Sie anstreben.* Sie versuchen, ein neues Produkt auf den Markt zu bringen, eine wichtige Entscheidung zu treffen oder Ihre Umsatzziele für das laufende Quartal zu erreichen. Sie bemühen sich nach Kräften, einen gelungenen Familienurlaub zu planen, einen selbst verfassten Text zu veröffentlichen oder in Ihrer Gegend eine bezahlbare Kita zu finden.

Im Eifer des Gefechts fehlt Ihnen dann *schlicht die Zeit,* eine so breit gefasste Kategorie wie »Psychologie« nach dem einen Artikel zu durchforsten, den Sie vor sechs Monaten abgespeichert haben.

Statt Informationen wie in der Schule nach Fächern zu ordnen, empfehle ich Ihnen, sie anhand der Projekte und Ziele zu organisieren, an denen Sie gerade arbeiten.

Genau das meine ich, wenn ich sage: »Organisieren Sie sich handlungsorientiert« – ein Mantra, das diesem ganzen Buch zugrunde liegt.

Setzen Sie sich beispielsweise hin, um an einem Grafikdesignprojekt zu arbeiten, dann sollten alle Notizen, Dokumente, wichtigen Materialien und sonstigen Unterlagen, die mit diesem Projekt im Zusammenhang stehen, an einem Ort griffbereit sein.

Sie finden das selbstverständlich? Nach meiner Erfahrung gehen die meisten Menschen aber ganz anders vor. Sie verteilen die wichtigen Unterlagen, die sie brauchen, um voranzukommen, auf Dutzende verschiedene Orte. Das bedeutet, sie müssen erst eine halbe Stunde lang alles zusammensuchen, bevor sie loslegen können.

Wie erreichen Sie nun, dass alle Unterlagen im Zusammenhang mit einem Projekt oder Ziel an einem Ort bereitliegen? Indem Sie sie von vornherein so organisieren. Dann wissen Sie immer genau, wo Sie etwas abspeichern müssen und wo Sie es wiederfinden.

Sie sind Ihren Zielen schon viel näher gekommen, wenn Sie alle Informationen, die Sie zur Umsetzung Ihrer Vision benötigen, jederzeit zur Hand haben. Schauen wir uns an, was Sie erreichen können, wenn es uns gelingt, die Hürden aus der Welt zu schaffen, die dieser Vision im Wege stehen.

2

Was es bringt, Informationen nach Projekten zu ordnen

Meine Karriere als Produktivitätscoach begann Anfang der 2010er-Jahre in der San Francisco Bay Area. Damals war der Tech-Boom auf seinem Höhepunkt. Hochkarätige Fachleute von einigen der einflussreichsten Unternehmen der Welt waren auf der Suche nach Möglichkeiten, sich einen entscheidenden Leistungsvorsprung zu verschaffen. Mir kam das sehr entgegen.

Als Coach betreute ich mehrere Führungskräfte eines namhaften Biotech-Unternehmens aus South San Francisco, von dessen Unternehmensgelände aus man die Bucht überblicken konnte. Ich erinnere mich noch, wie ich an einem Frühlingstag auf meinen nächsten Klienten wartete, einen Topmanager, der für die Entwicklung mehrerer neuer lebensrettender Pharmazeutika zuständig war.

Als er eintraf, stellte ich ihm zu Beginn unserer Coaching-Sitzung eine einfache Frage: »Haben Sie eine Projektliste?«

Bei meiner Arbeit als Produktivitätscoach frage ich meine Klienten am Anfang immer nach ihrer Projektliste. Ich möchte wissen, woran sie arbeiten, wie hoch ihre Arbeitsbelastung ist, was ihre Prioritäten sind und auf welche Ergebnisse sie hinarbeiten.

»Natürlich«, sagte er und kritzelte mir aus dem Gedächtnis (erstes Warnsignal!) schnell eine Liste hin, die sich in etwa so las:

Meine Projektliste:

1. Personalbeschaffung/Personalwesen
2. Veranstaltungen
3. Direkt unterstellte Mitarbeiter
4. Strategische Planung
5. Forschung
6. Urlaub
7. Berufliche Entwicklung
8. Produktivität

Sehen Sie das Problem? Schauen Sie noch einmal genauer hin.

Kein einziger Punkt auf der Liste entspricht meiner Definition von einem Projekt. Projekte sind »kurzfristige Vorhaben«. Das bedeutet, dass sie einen festen Endtermin haben müssen. Ist »strategische Planung« irgendwann wirklich zu Ende? Kommt je der Zeitpunkt, an dem Sie »Urlaub« für immer von Ihrer Liste streichen können? Hoffentlich nicht.

In Wirklichkeit ist jeder Punkt auf dieser Liste ein Aufgabenbereich – und damit unbefristet. Das ist nicht nur Wortklauberei. Meiner Erfahrung nach gilt: Ganz gleich wie intelligent oder engagiert Sie sind, es gibt zwei entscheidende Meilensteine, die Sie erst erreichen können, wenn Sie Ihre Aufgabenbereiche in konkrete Einzelprojekte unterteilt haben.

ERSTES HINDERNIS: Sie wissen nicht genau, was Sie alles zu tun haben

Eine der häufigsten Klagen, die ich von Leuten höre, ist, sie hätten »keine Kapazitäten«. Ich habe dafür viel Verständnis – wie oft haben Sie das Gefühl, Sie hätten sich zu viel zugemutet?

Doch solange Sie Ihre Arbeit in Aufgaben einteilen, können Sie nie genau sagen, wie viel Sie *wirklich erledigen müssen*. Schauen Sie sich die obige Liste an. Wie viel Arbeitsbelastung bedeutet »Personalbeschaffung«? Darunter könnte alles Mögliche zu verstehen sein, von der Einstellung einer Teilzeitkraft alle sechs Monate bis zur Besetzung von fünfzig Vollzeitstellen in diesem Quartal.

Auf einen Blick kann man das schlicht nicht sagen, und diese Ungewissheit manifestiert sich darin, dass sich am Ende jede Aufgabe belastender anfühlt, als sie eigentlich ist.

Stellen Sie sich vor, Sie würden stattdessen einzelne Projekte im Rahmen der Personalbeschaffung ermitteln und jeden Tag nur diese Liste abarbeiten. Wüssten Sie dann nicht viel genauer, wie viel Sie zu tun haben und was Sie als Nächstes in Angriff nehmen sollten? Hier ein Beispiel:

Personalbeschaffungsprojekte:

1. Technische Fachkraft einstellen
2. Projektanalysten einstellen
3. Marketingleiter einstellen
4. Feldforscher einstellen
5. Finanzfachkraft einstellen

ZWEITES HINDERNIS: Sie können Ihre laufenden Arbeiten nicht mit Ihren langfristigen Zielen verknüpfen

Eine der größten Herausforderungen (und gleichzeitig einer der erfüllendsten Aspekte) der Wissensarbeit ist, dass sie unsere Kreativität fordert. Kreativität setzt aber Motivation voraus. Wer ausgebrannt und demoralisiert ist, kann unmöglich zu kreativer Bestform auflaufen.

Wovon hängt es ab, wie stark wir motiviert sind? In erster Linie davon, ob wir beständig Fortschritte erzielen. Wir sind durchaus in der Lage, kurzfristig gewissen Stress und Frust auszuhalten, wenn wir wissen, dass uns das *weiterbringt*.

Damit wären wir bei unserem zweiten Problem: Ohne eine Liste einzelner Projekte können wir unsere laufenden Arbeiten nicht mit unseren langfristigen Zielen verknüpfen.

Schauen Sie sich die ursprüngliche Liste noch einmal an. Keiner der Punkte kann endgültig abgehakt werden oder wird sich verändern – das liegt per definitionem in der Natur von Aufgaben. Sie enden nie. Stellen Sie sich nun den psychologischen Effekt vor, den es hat, wenn Sie Woche um Woche, Monat um Monat und sogar Jahr um Jahr jeden Morgen vor derselben Liste nie enden wollender Aufgaben stehen. Ganz gleich, wie hart Sie arbeiten, Sie kommen dem endlosen Horizont niemals näher.

Ganz ehrlich? Eine effektivere Methode, um jede Motivation im Keim zu ersticken, könnte ich mir nicht denken.

Zerlegen Sie Ihre Aufgaben dagegen in mundgerechte Projekthäppchen, dann sorgen Sie für steten Wechsel auf Ihrer Liste. Daraus entsteht eine Kadenz regelmäßiger Erfolgserlebnisse, die Sie jedes Mal feiern können, wenn Sie ein Projekt erfolgreich zum Abschluss gebracht haben. Bedenken Sie, wie motiviert und leistungsfähig Sie sich fühlen würden, wenn Sie nur einen der übergreifenden Aufgabenbereiche – etwa »Veranstaltungen« – in einzelne Ereignisse aufsplitten, für die Sie zuständig sind:

Veranstaltungsprojekte:

1. Vierteljährliche Mitarbeiterklausur
2. Jährliche Stakeholder-Konferenz
3. Workshop zu Forschungsmethoden
4. Personalmesse am Jahresende
5. Sommerklausur der Führungskräfte

Unabhängig davon wie umfangreich Ihr Aufgabengebiet ist – Sie können es ***immer*** in kleinere Projekte aufteilen …

… und das müssen Sie sogar, wenn Sie wissen wollen, ob Sie auf dem Weg zu Ihren Zielen wirklich vorankommen.

Wie Sie sich so organisieren, dass Sie leben können, wie Sie leben möchten

Bei PARA geht es nicht nur darum, ein paar Ordner einzurichten, um Informationen abzulegen.

Es geht darum, die eigentliche Struktur Ihres Berufs- und Privatlebens zu erkennen – was Sie erreichen oder ändern möchten und wo Sie hinwollen. Es geht darum, Informationen so zu organisieren, dass sie ein Leben ermöglichen und erleichtern, wie Sie es künftig führen möchten.

So viel von dem, was wir unter der Überschrift »Organisation« tun, ist im Grunde nichts anderes als verkappte Prokrastination. Wir reden uns ein, wir »leisten Vorarbeiten« oder »stellen Recherchen an«, und tun so, als sei das ein Fortschritt.

Dabei greifen wir in Wirklichkeit nach jeder sich bietenden Option, kosmetische Überarbeitungen vorzunehmen und Ordnung zu schaffen – nur, um uns vor der Aufgabe zu drücken, die uns Angst macht.

PARA reißt diese Fassade herunter und liefert uns eine Organisationsmethode, die so radikal einfach ist, dass es keine Ausreden mehr gibt, den nächsten wichtigen Schritt nicht in Angriff zu nehmen. PARA ist eine minimalistische Vorgehensweise, die in Ihrem Umfeld *gerade so viel Ordnung* herstellt, dass Sie die nötige Klarheit gewinnen, um voranzukommen – mehr nicht.

In den folgenden Kapiteln wollen wir ein bisschen genauer ergründen, wie sich diese Methode einsetzen lässt, um Ihr digitales Leben grundlegend zu verändern.

3

PARA in sechzig Sekunden – so geht's

Sie vermuten jetzt vielleicht, der erste Schritt zur Umsetzung von PARA sei die akribische Erstellung aller Einzelordner, die Sie innerhalb der vier Kategorien brauchen, um dann alle Ihre bestehenden Dateien Stück für Stück darin abzulegen.

Früher habe ich viele Stunden damit verbracht, meine Kunden genau dabei zu unterstützen, doch durch Versuch und Irrtum habe ich festgestellt, dass das genau der falsche Einstieg ist. Bevor Sie etwas Neues anfangen können, müssen Sie »ausmisten«.

In diesem Kapitel führe ich Sie durch die drei Schritte, die ich Ihnen empfehle, um PARA auf einer digitalen Plattform einzuführen:

- Erster Schritt: Archivieren Sie bestehende Dateien.
- Zweiter Schritt: Erstellen Sie Projektordner.
- Dritter Schritt: Erstellen Sie Ordner nach Bedarf.

Am besten fangen Sie zunächst mit nur einer Plattform an, zum Beispiel mit dem Dokumentenordner auf Ihrem Rechner, denn bei den meisten Menschen ist dieser gewöhnlich das älteste und umfangreichste Speichermedium für Informationen.

ERSTER SCHRITT: Archivieren Sie bestehende Dateien

In der physischen Welt braucht jedes Stück Papier, jeder Ordner und Gegenstand kostbaren Platz. Deshalb müssen Sie wieder und wieder entscheiden, was Sie jeweils damit anfangen wollen – selbst wenn die Entscheidung darauf hinausläuft, etwas einfach wegzuwerfen.

In der digitalen Welt ist das anders. Digitale Objekte beanspruchen keinen physischen Raum, sondern lediglich *digitalen*, und der ist heutzutage praktisch unbegrenzt vorhanden. Das bedeutet, Sie müssen eigentlich gar nichts mehr wegwerfen, sondern können alles behalten.

Ein Segen, könnte man meinen. In Wirklichkeit ist das ein Fluch.

Das Problem: Bewahren Sie ausnahmslos alles auf, so zehrt das bald an einer Ressource, die noch knapper ist als physischer Raum – an Ihrer Aufmerksamkeit nämlich. Sobald Ihr Blick auf all die Dateien fällt, die so willkürlich über den Bildschirm Ihres Rechners verstreut sind, auf Dokumentenordner, Cloud Drive oder Notiz-App, kostet Sie das kostbare Geisteskraft.

Sie glauben vielleicht, Sie könnten Ihren Laptop zuklappen und das alles einfach ignorieren, doch in einem Winkel Ihres Gehirns beschäftigen Sie sich so lange mit dem chaotischen Zustand Ihrer digitalen Umgebung, bis Sie Ordnung geschaffen haben. Für Ihr Gehirn ist Ihr Informationsumfeld ebenso wichtig wie Ihr physisches Umfeld. Es wird erst Ruhe geben, wenn es sich nicht mehr unsicher und beunruhigt fühlt.

Sie können heutzutage zwar alles aufbewahren, aber Sie *können sich unmöglich ständig darauf konzentrieren*. Sie brauchen einen geeigneten Ablageort, wo Sie alle Informationen sicher verwahren können – aber so, dass diese »aus den Augen, aus dem Sinn« sind, bis Sie sie brauchen.

Dieser Ort ist das Archiv. Sie müssen sich dieses als eine Art »Kühlhaus« für Ihr digitales Leben vorstellen. Was dort hineinkommt, bleibt genau in dem Zustand, in dem Sie es abgelegt haben – sozusagen in einer Zeitschleife, sodass

Sie künftig wieder darauf zugreifen können, sich aber bis zu diesem Zeitpunkt nicht darum kümmern müssen.

Ich möchte, dass Sie Folgendes tun: Wählen Sie *alle* Ihre vorhandenen Dateien, Dokumente, Ordner, Notizen et cetera aus Ihrem Dokumentenordner aus (das können durchaus Hunderte oder sogar Tausende oder noch mehr sein) und verschieben Sie sie alle auf einmal in einen neuen Ordner namens »Archiv [heutiges Datum]«.

Stellen Sie sich diesen Ordner als eine Zeitkapsel vor: Sie hält fest, was in Ihrem Leben zu diesem Zeitpunkt los war, und nimmt eine Aufteilung vor in alles, was vor dem heutigen Datum passiert ist, und alles, was Sie von heute an speichern.

Legen Sie diesen neuen datierten Archivordner in einen anderen größeren Ordner ab, den Sie einfach »Archive« nennen. Dieser ist ab jetzt der offizielle Ablageort für alle Archive, die zukünftig hinzukommen werden.

Das war es schon! Damit ist der erste Schritt getan.

ZWEITER SCHRITT: Erstellen Sie Projektordner

Ihr Dokumentenordner ist jetzt aufgeräumt – Zeit für den Neuanfang. Sie können bei null beginnen, aber diesmal strukturieren wir etwas besser, wie Sie alles organisieren, was neu hinzukommt und abgespeichert werden soll.

Für den zweiten Schritt erstellen Sie einen neuen Ordner namens »Projekte«. Er ist ab jetzt der offizielle Ablageort für alle Ihre Informationen im Zusammenhang mit Projekten (also kurzfristige Vorhaben mit einem klaren Endziel). In diesem neuen Ordner erstellen Sie einen Unterordner für jedes Ihrer aktiven Projekte und benennen diesen nach dem jeweiligen Projekt.

Dass wir uns als Nächstes auf Projekte fokussieren, liegt daran, dass es sich dabei um die Vorhaben handelt, an deren Umsetzung Sie gerade arbeiten. Zeitdruck und Dringlichkeit sind daher per definitionem vermutlich größer. Jetzt können Sie alle Dokumente, Notizen oder Dateien, an denen Sie aktiv arbeiten, in die betreffenden Projektordner verschieben. Machen Sie sich dabei

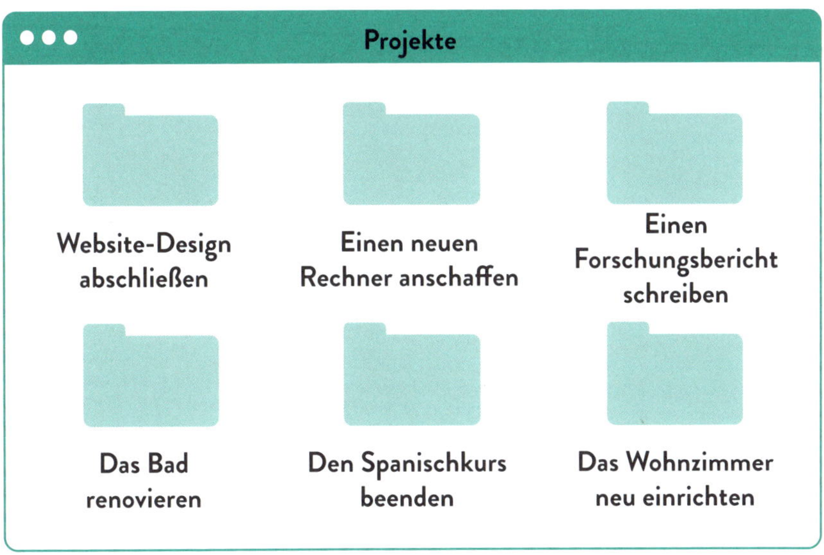

aber keinen unnötigen Stress – das muss weder im Voraus noch auf einen Schlag passieren.

Für die Renovierung Ihres Badezimmers könnten das beispielsweise sein:

- Abmessungen des Badezimmers
- Fotos von Fliesenmustern und Farben, die Sie gern verwenden möchten
- Angebote, die Sie von mehreren Handwerkern eingeholt haben
- Genauere Angaben zu dem Angebot, das den Zuschlag bekommen hat, und ein unterschriebener Vertrag
- Kalkulationstabellen, um die Ausgaben zu verfolgen

Selbst für ein Projekt, das ein anderer ausführt, müssen also noch viele Informationen im Blick behalten werden!

DRITTER SCHRITT: Erstellen Sie Ordner nach Bedarf

Früher hätte ich Klienten in diesem Stadium empfohlen, gleich auch neue Ordner für alle Aufgaben und Ressourcen einzurichten, die sie voraussichtlich irgendwann verwenden wollen würden. Ich dachte, wenn man all diese Ordner bereits zur Hand hätte, ließe sich in Zukunft Neues bequemer unterbringen. Inzwischen ist mir aber klar geworden, dass das ein Fehler war.

Das erkannte ich, als ich von einem Softwareentwickler aus dem Silicon Valley damit beauftragt wurde, dessen geteilten Cloud-Storage-Drive zu organisieren.

In einer Brainstorming-Sitzung erarbeiteten wir alle PARA-Ordner, die die Beschäftigten einsetzen wollten, und erstellten innerhalb eines Tages ihr gesamtes PARA-System. Ein fantastisches Gefühl! Doch was ich in den folgenden Wochen und Monaten zu Ohren bekam, erzählte eine ganz andere Geschichte. Jedes Mal, wenn einer der Softwareentwickler etwas suchte, fand er einen sauber beschrifteten Ordner vor, der das Gesuchte zu enthalten versprach. Ein Doppelklick offenbarte aber gähnende Leere. Wir hatten ein Labyrinth einladender Türen geschaffen, die in leere Räume führten, was nur Frust und Enttäuschung bei denjenigen auslöste, die wieder einmal nicht fanden, wonach sie suchten.

Aus dieser Erfahrung heraus stellte ich eine neue Regel auf: Richten Sie nie einen leeren Ordner (oder ein anderes leeres Objekt) ein.

Somit empfehle ich Ihnen für Ihre Aufgaben und Ressourcen, keine »spekulativen« Ordner zu erstellen. Warten Sie damit, bis Sie sicher sind, mit welchen Inhalten Sie diese bestücken möchten. Ein Ordner ist so schnell angelegt – es gibt keinen vernünftigen Grund, das im Voraus zu tun. Diese beiden Kategorien erzeugen keinen akuten Handlungsbedarf und sind daher nicht so wichtig. Deshalb müssen Sie sie nicht vom ersten Tag an komplett bis ins Letzte ausgestaltet haben.

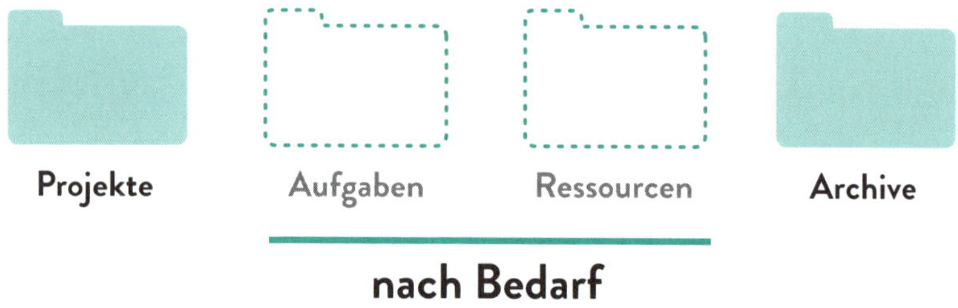

Wenn Sie so weit sind, befolgen Sie dieselben drei Schritte bei Ihrem Cloud-Storage-Drive, Ihrer Notiz-App und überall sonst, wo Sie Informationen abspeichern. Prompt wird Ihre digitale Welt zum PARAdies – also übersichtlich und effizient.[7]

Schon haben Sie ein voll funktionsfähiges PARA-System!

Im Zuge der Umgestaltung Ihres digitalen Lebens empfehle ich Ihnen, bei dieser Gelegenheit auch darüber nachzudenken, wie Sie Ihre Herangehensweise an Informationen künftig verändern möchten. Stopfen Sie neue Daten nicht einfach unbesehen in ihre schönen neuen PARA-Ordner, sonst stehen Sie bald wieder vor demselben Chaos, das vorher geherrscht hat.

Überlegen Sie sich genau, was Sie in allen vier PARA-Kategorien ablegen möchten. Was ist wirklich einzigartig oder nützlich? Was müssen Sie auf dem Bildschirm haben, wenn Sie sich hinsetzen, um sich auf ein Projekt oder eine Aufgabe zu fokussieren. Welche

---

7 Im achten Kapitel finden Sie weitere Anleitungen dazu, wie sich das PARA-System auf mehrere Plattformen ausweiten lässt.

Ressourcen haben echten Wert und welche könnten Sie auch jederzeit wieder ergoogeln?

Das ist Ihre Chance, noch einmal ganz von vorn anzufangen und Ihr digitales Leben auf Basis zeitloser Organisationsgrundsätze neu zu beginnen.

Was wollen Sie mit all der Zeit und Aufnahmefähigkeit anfangen, die dann frei wird?

4

Fünf grundlegende Tipps, wie Sie sich einfacher organisieren können

Jetzt habe ich Ihnen die PARA-Methode vorgestellt und Sie durch die drei Umsetzungsschritte begleitet.

Ich habe dieses System im Laufe der Jahre für alle möglichen Unterfangen eingesetzt und bin dabei auf ein paar einfache Tipps gekommen, die PARA noch effektiver und benutzerfreundlicher machen. Jeder davon muss nur einmalig umgesetzt werden, und das ist in ein oder zwei Minuten erledigt.

TIPP NR. 1:
Richten Sie einen Postkorb ein

Der Postkorb dient zur vorübergehenden Aufbewahrung neuer Informationen, die sich dort ansammeln, bis Sie die Zeit finden, sie dort unterzubringen, wo sie hingehören.[8] Wie das geht, erkläre ich Ihnen im Folgekapitel.

8 In vielen digitalen Notiz-Apps ist ein solcher Postkorb bereits eingebaut (manchmal unter der Bezeichnung »Tagesnotizen« oder so ähnlich). In anderen Apps müssen Sie ihn selbst einrichten.

TIPP NR. 2:
Nummerieren Sie Ihre Ordner

Ich empfehle Ihnen, dem Namen jedes der fünf Ordner, über die Sie nun verfügen, die Zahlen 0 bis 4 voranzustellen. Wenn Sie den Postkorb mit »0« nummerieren, wissen Sie gleich, dass der Inhalt noch nicht abgearbeitet ist. Dann stimmt bei alphabetischer Sortierung die Reihenfolge – beginnend mit dem, was am dringendsten zu erledigen ist.

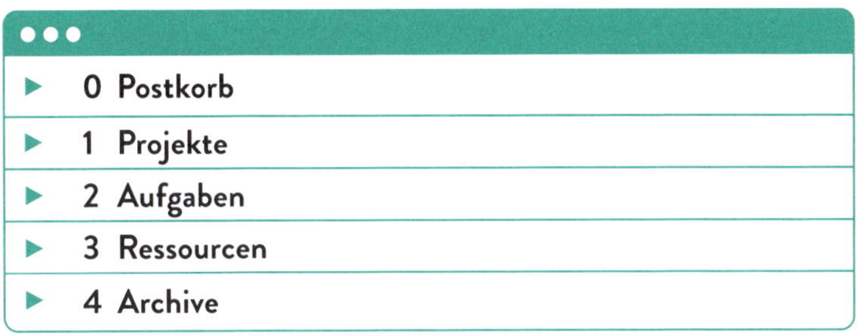

Am häufigsten werden Sie Ordner 1 öffnen: Projekte. Ab und zu werden Sie auch in Ordner 2 (Aufgaben) schauen, wenn Sie längerfristig planen. Die Ordner 3 und 4, Ressourcen und Archive, können ruhig unbeachtet bleiben, bis Sie sie brauchen.

TIPP NR. 3:
Kennzeichnen Sie alle Ordner einheitlich

Es macht Ihnen das Leben leichter, wenn Sie – ganz gleich auf welcher Plattform oder welchem Gerät – einem Ordner sofort ansehen können, zu welcher der vier PARA-Hauptkategorien er gehört. Ich verwende dafür gern informelle Kennzeichnungen wie:

- Emojis vor der Bezeichnung von Projektordnern
- Großbuchstaben für Aufgabenordner
- Kleinbuchstaben für Ressourcenordner

Zum Beispiel weisen folgende Bezeichnungen sofort auf Projekte hin (weil sie mit Emojis beginnen):

💎 Sponsorenpaket zusammenstellen
🌳 Artikel über neue Umweltstandards verfassen
🇲🇽 Städtetrip nach Mexiko-Stadt planen

Bei den folgenden Titeln handelt es sich eindeutig um Aufgaben (weil sie großgeschrieben sind):

- BERUFLICHE ENTWICKLUNG
- FINANZMANAGEMENT
- REISEN

Und nachstehende Punkte sind Ressourcen (erkennbar an der Kleinschreibung):

- klavierstücke
- präsentationen
- videoressourcen

Solche Kennzeichnungen haben darüber hinaus den Vorteil, dass sie auf allen Plattformen funktionieren, da sie nur grundlegende Textzeichen erfordern.

TIPP NR. 4: Aktivieren Sie den Offline-Modus

PARA funktioniert im »Offline-Modus« einwandfrei – und zwar aus einem einfachen Grund: Alles Material, auf das Sie mit größter Wahrscheinlichkeit laufend zugreifen müssen, ist an einem Ort gespeichert – in Ihrem Projektordner.

Sie müssen nicht mehr alle Dokumente im Zusammenhang mit einem bestimmten Projekt an Dutzenden verschiedenen Orten zusammensuchen. Das ist bereits geschehen. Der Projektordner ist zudem auch der kleinste, was Speicherplatz auf der Festplatte anbelangt. So lege ich beispielsweise nur rund ein Prozent meiner digitalen Notizen unter »Projekte« ab, sodass diese jederzeit auf mein lokales Endgerät heruntergeladen werden können, wenn ich weiß, dass ich keinen Internetzugang haben werde, aber trotzdem auf meine Daten zugreifen muss.

Nehmen Sie sich eine Minute Zeit und aktivieren Sie nur für den Projektordner (und dessen Unterordner) den Offline-Modus, und zwar auf jedem Gerät, das Sie unterwegs verwenden – oder bei dem Sie hin und wieder das WLAN ausschalten, um sich besser konzentrieren zu können.[9]

TIPP NR. 5: Erstellen Sie Sicherungskopien

Da Sie viel Zeit und Mühe aufwenden, um Ihre digitale Welt zu organisieren, dürfte diese für Sie künftig noch an Wert gewinnen. Damit Ihre Bemühungen nicht umsonst waren, rate ich Ihnen zu einem zuverlässigen Back-up-System für jede der wichtigsten Plattformen, die Sie nutzen (da jede andere Informationen enthält).

Arbeiten Sie mit einer Cloud-basierten Plattform, ist dieser Schritt bereits erledigt, denn dann werden alle Ihre Daten in der Cloud gespeichert. Für die Dateien auf Ihrem Rechner können Sie einen Cloud-Back-up-Dienst nutzen (der automatisch Sicherungskopien erstellt, wenn Sie online sind) oder sich regelmäßig daran

9 Je nachdem, welche Software Sie verwenden und wie viel Platz Sie auf der Festplatte haben, nutzen Sie dafür eine Einstellung namens »offline verfügbar« für diejenigen Ordner, die Sie herunterladen möchten, aktivieren die Schaltfläche »lokal synchronisieren« für alle Dateien oder verwenden eine andere entsprechende Funktion.

erinnern lassen, ein Back-up auf einer externen Festplatte vorzunehmen.

Schneiden Sie Ihr PARA-System auf Ihre persönlichen Bedürfnisse zu

Vermutlich haben Sie sich bereits in den schillerndsten Farben ausgemalt, wie Ihr Leben mit PARA aussehen wird. Und ich hoffe sehr, dass sich Ihre Wunschvorstellungen bewahrheiten. Kommen Sie aber an irgendeinem Punkt ins Schleudern, sollten Sie an dieser Stelle des Buches erneut ansetzen. Ich weiß, im Leben geht es mitunter hektisch zu. Deshalb ist PARA gleich in mehrfacher Hinsicht so angelegt, dass ein Fehlschlag keine Katastrophe ist.

Erstens kommt es nicht darauf an, wo Sie eine bestimmte Datei oder Notiz ablegen. Also keine Sorge, falls Sie feststellen, dass Sie die »Ablage« von Informationen geistig oder zeitlich zu sehr beansprucht. Vermutlich kommen Sie diesen Informationen in den allermeisten Fällen mithilfe der Suchfunktion auf die Spur. Das bedeutet, es ist zwar schön, wenn Informationen in bestimmten Unterordnern liegen, doch unbedingt notwendig ist es nicht.

Wie Sie im neunten Kapitel lesen werden, haben Sie künftig noch oft Gelegenheit dazu, Informationen »fließend« zwischen den Kategorien hin- und herzuschieben. Die Entscheidung, wo etwas abzulegen ist, ist daher alles andere als endgültig. Es gibt in jeder Phase Back-up-Pläne und Sicherheitsnetze.

Zweitens kommt es nicht darauf an, dass Sie genau vier PARA-Kategorien einrichten. Ja wirklich – selbst die vier vom Akronym PARA bezeichneten Hauptordner sind nur Optionen. Ich kenne Leute, die lieber mit mehr Kategorien arbeiten und für jede zusätzliche noch einen Buchstaben anhängen (wie S für »Systeme« oder W für »Werte«). Ich kenne aber auch Leute, die nur mit zwei Kategorien auskommen – einem »heißen« Ordner für alles, was aktuell ansteht und einem »kalten« für alles andere.

Der wichtigste Grundsatz ist, herauszufiltern, was dringend und zeitnah erledigt werden muss und sich überwiegend darauf zu konzentrieren. Und es gibt viele Wege, das zu erreichen. Sie müssen sich dabei nicht dogmatisch nach meinen Vorgaben richten, sondern können das System gern individuell auf Ihre Bedürfnisse zuschneiden.

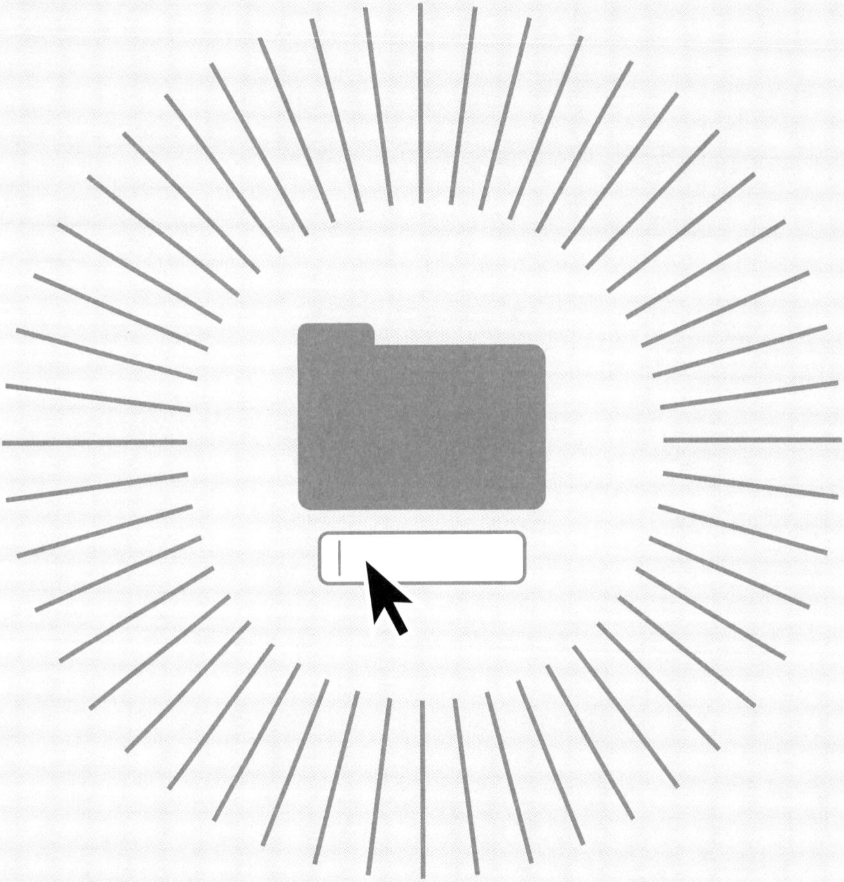

5

Wie Sie Ihr PARA-System pflegen

Mir ist durchaus bewusst, dass Sie ein vielbeschäftigter Mensch sind, der ein erfülltes, abwechslungsreiches Leben führt. Dokumentenmanagement steht dabei sicher nicht ganz oben auf Ihrer Prioritätenliste. Und das sollte es auch nicht. Mir geht es ganz ähnlich – ich möchte so wenig Zeit wie möglich darauf verwenden, mein System anzupassen und zu optimieren.

Aus diesem Grund empfehle ich Ihnen, Ihr PARA-System in nur fünf Minuten pro Woche auf Vordermann zu bringen. Dazu müssen Sie sich lediglich an die folgenden drei einfachen Schritte halten:

1. Benennen Sie Neuzugänge in Ihrem Postkorb um.
2. Sortieren Sie neue Informationen in die PARA-Ordner ein.
3. Aktualisieren Sie Ihre laufenden Projekte.

Schauen wir uns diese Schritte näher an.

ERSTER SCHRITT:
Benennen Sie Neuzugänge in Ihrem Postkorb um

Normalerweise landen jede Woche zwischen zehn und zwanzig neue digitale Objekte in meinem Postkorb. Das können beispielsweise Aufzeichnungen aus einer Teamsitzung sein, die wichtigsten Punkte, die ich mir aus meiner aktuellen Lektüre zusammengeschrieben habe, ein interessanter Screenshot von einer Website oder ein Sprachmemo, das ich zu einer neuen Idee aufgenommen habe.

Bei ihrer Erstellung haben solche Dateien gewöhnlich unbrauchbare Bezeichnungen wie »unbenanntes Dokument« oder »neue Notiz«. Ich stelle immer wieder fest, dass es enorm hilfreich ist, mir ein paar Sekunden Zeit zu nehmen, um einen Blick auf jedes abgespeicherte Objekt zu werfen und dessen Titel oder Bezeichnung etwas informativer und aussagekräftiger zu gestalten.

Zum Beispiel:

- Notizen zur Sitzung mit Clara 02.03.23
- Highlights aus *Erfolgsfaktor Sauerstoff*
- Interessante Website zum Führen von Vorstellungsgesprächen
- Sprachmemo für neue Onlinekurs-Idee

Diese Namen können ganz banal sein und müssen nicht unbedingt besonders fachspezifisch ausfallen. Manchmal füge ich ein

Datum hinzu, manchmal nicht. Im Grunde gebe ich jedem Objekt einfach den kürzesten, verständlichsten Namen, der mir in Sekunden einfällt.

Wohlgemerkt verfügen Sie sicherlich über mehrere Postkörbe, für die Sie diesen Schritt durchführen müssen:

- Einen, den Sie in Ihrem Dokumentenordner erstellt haben (wie im vierten Kapitel empfohlen)
- Einen für Ihren Cloud-Speicher
- Einen für Ihre digitale Notiz-App

ZWEITER SCHRITT: Sortieren Sie neue Informationen in die PARA-Ordner ein

Der zweite Schritt zur »Verarbeitung« neuer Objekte ist deren Zuordnung in die entsprechenden PARA-Ordner. Auch das nimmt nur wenige Sekunden in Anspruch, in denen ich mir überlege, für welches Projekt, welche Aufgabe oder Ressource ein bestimmtes Dokument besonders relevant und nützlich ist.

Wo Informationen hingehören

Dieses Flussdiagramm zeigt Ihnen, wo Sie Informationen am besten ablegen.

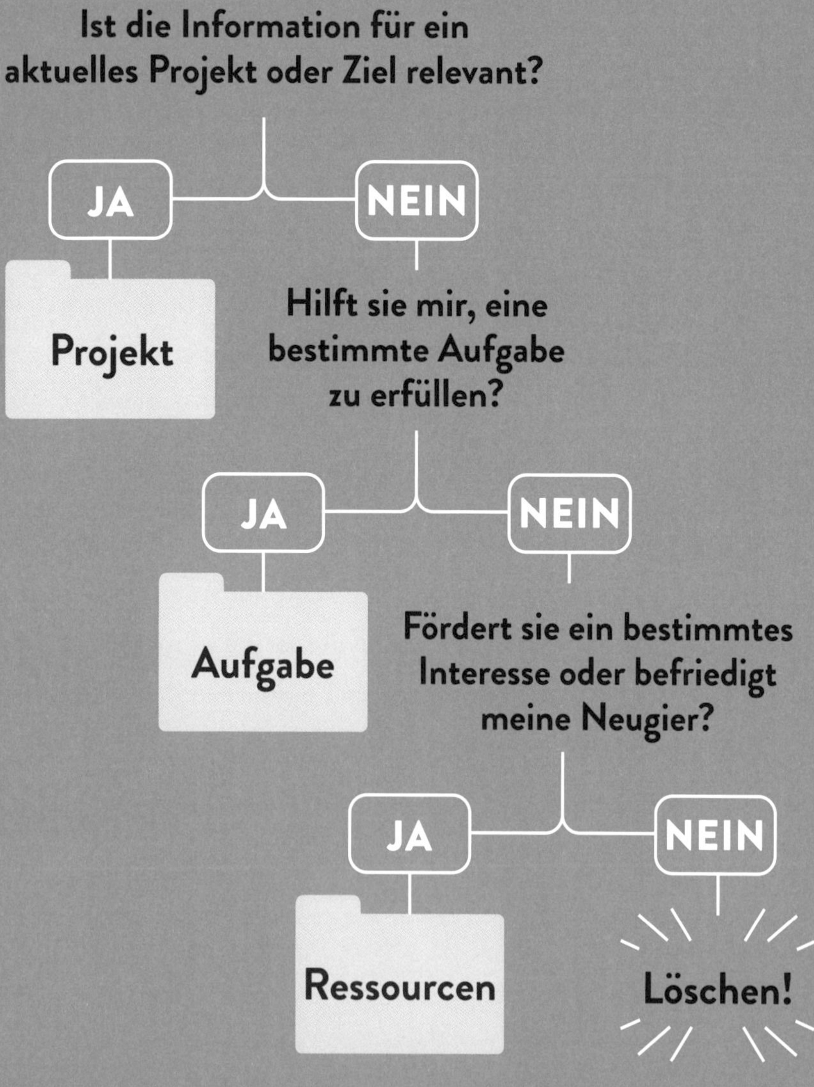

Erledige ich das für alle zehn bis zwanzig neuen Objekte auf einmal, schaffe ich das locker in wenigen Minuten, wie ich festgestellt habe. Da ich solche Informationen mit der Suchfunktion jederzeit wiederfinden kann, ist es gar nicht so wichtig, wo ich sie letztlich abspeichere. Außerdem ist es meiner Erfahrung nach hilfreich, die Informationen, die ich in der letzten Woche neu abgespeichert habe, noch einmal durchzusehen – damit ich daran denke, nachzufassen, wenn dies nötig ist.

DRITTER SCHRITT: Aktualisieren Sie Ihre laufenden Projekte

Abschließend sollten Sie noch einen Blick auf Ihre Projektordner werfen und Änderungen vornehmen, aus denen die Ereignisse der letzten Woche hervorgehen. Das könnte Maßnahmen umfassen wie:

- die Umbenennung eines Projekts entsprechend dessen neuer Dimension oder Ausrichtung,
- die Aufteilung eines großen Projekts in mehrere kleine, damit es leichter umzusetzen ist,
- die Archivierung von Projekten, die abgeschlossen, auf Eis gelegt, gecancelt oder jemand anderem übertragen wurden, oder
- das Verschieben eines ruhenden Projekts vom Archiv zurück in den Projektordner, weil es wieder aufgenommen wird.

Bevor Sie ein Projekt archivieren, sollten Sie es rasch daraufhin abklopfen, ob Teile davon für andere Zwecke sachdienlich sein könnten (wie Brainstorming, Hintergrundrecherchen, Folien, Gesprächsnotizen et cetera), und diese Dokumente dann innerhalb von PARA richtig einsortieren.

Nehmen wir beispielsweise an, Sie stoßen im Zuge eines Kundenauftrags auf ein neues strategisches Framework, das sie nach Abschluss des Auftrags gern auch für andere Kunden verwenden möchten. Dann könnten Sie die betreffenden Dokumente in einem neuen Ressourcenordner namens »Strategie« ablegen, auf den Sie künftig zugreifen können.

Dieser Schritt dient lediglich dazu, die Zusammensetzung Ihrer Projektordner so zu verändern, dass diese genau widerspiegeln, was in Ihrer Welt in letzter Zeit passiert ist.

Wenn Sie Ihr Organisationssystem so verändern, dass es der Entwicklung Ihrer Bedürfnisse und Ziele entspricht, statt zu versuchen, diese Bedürfnisse und Ziele mit Gewalt in Ihr System einzupassen, haben Sie schon viel erreicht.

Fangen Sie grundsätzlich bei den Archiven an

Der größte Irrtum bezüglich des entscheidenden Schritts, Informationen zu »archivieren«, besteht für mich in der Annahme, dass man diese Informationen niemals wiedersieht.

Sie dürfen sich die Archive nicht als »Friedhof der Ideen« vorstellen, auf dem alles landet, was zum Sterben verurteilt ist. Ihre Archive stellen die Summe Ihrer Lebenserfahrung dar – eine Schatztruhe, angefüllt mit all den profunden Erkenntnissen, die Sie sich im Zuge Ihrer Erfolge und Fehlschläge hart erarbeitet haben. Ich garantiere Ihnen: Die Archive enthalten auf jeden Fall nützliches Material, das Sie bei künftigen Vorhaben wiederverwenden und wiederverwerten können.

Der Archivordner sollte stets Ihr Ausgangspunkt für jedes neue Projekt sein, für Ihren persönlichen Jahresrückblick oder für die Aktualisierung Ihres Lebenslaufs, wenn Sie einen neuen Job suchen. Er enthält die Belege, die Sie brauchen, um eine Gehaltserhöhung oder eine Beförderung herauszuhandeln, einen neuen Kunden zu überzeugen oder ein kühnes neues Vorhaben in Angriff zu nehmen.

Es überrascht mich immer wieder, wie oft mir brauchbares Material von früher in die Hände fällt: Notizen zu einem Konferenzgespräch mit einem Stammkunden, Hintergrundrecherchen über eine Branche oder Fotos, die ich aufgehoben habe, weil ich mir davon Inspirationen in Sachen Design versprach – das alles stellt mein ganz persönliches »Wissenskapital« dar.

Diese Aktivposten wiederzuverwenden, spart mir nicht nur enorm viel Zeit – ich habe dabei außerdem das Gefühl, dass ich auf halber Strecke in einen Marathon einsteige, und zwar mit gehörigem Vorsprung auf alle anderen Teilnehmer.

TEIL

II

DIE PARA-SPIELREGELN

6

Der Unterschied zwischen Projekten und Aufgaben

Mit Mitte zwanzig – ich hatte gerade meinen ersten richtigen Job angetreten – fiel mir ein Buch mit dem Titel *Wie ich die Dinge geregelt kriege* in die Hände. Verfasst von dem Managementcoach und -berater David Allen, lieferte es einen ebenso systematischen wie prinzipienfesten Ansatz für persönliche Produktivität. Dieser Ansatz läuft unter dem Kürzel GTD („getting things done“) und wirkte sich gleich ganz enorm auf meine Arbeitsweise aus. Es war, als hätte ich eine Röntgenbrille aufgesetzt: Plötzlich konnte ich die auf mich einströmenden Informationen eindeutig bestimmten Kategorien zuordnen und erkennen, dass es mir diese erleichterten, entsprechend zu *reagieren.*

Die vielleicht bedeutsamste der vielen Definitionen und Unterscheidungen, die ich Allen verdanke, ist die zwischen Projekten und Aufgaben(bereichen). Darunter sind die Kategorien täglich auflaufender Informationen mit dem dringendsten Handlungsbedarf zu verstehen – diejenigen also, die Sie unbedingt beherrschen sollten.

Mir ist aber auch aufgefallen, dass dieser Unterschied für viele andere verwirrend und oft nicht ganz eindeutig ist. Schauen wir uns das jeweils aus der Perspektive der PARA-Nutzer an.

Projekte: Ziele mit einer Deadline

Nach meiner Definition ist ein Projekt ein Vorhaben mit:

1. einem **Ziel**, an dem Sie es als »abgeschlossen« bezeichnen können.
2. einer **Deadline** beziehungsweise einer Frist, innerhalb der Sie es abschließen möchten.

Ein Ziel ist schlicht »das Ergebnis, das mit dem Projekt erreicht werden soll«. Das kann eine erfolgreiche Klausurtagung sein, die Umgestaltung einer Website oder ein Kindergeburtstag – alles, was Sie in der realen Welt umsetzen möchten und irgendwann als »abgeschlossen« betrachten können.

Eine Deadline setzt Ihnen eine Frist zum Erreichen Ihres Ziels. Sie wollen ja nicht ewig daran herumlaborieren und nie genau wissen, ob Sie Erfolg hatten oder gescheitert sind. Wenn Sie dabei einen Endpunkt im Auge haben (ganz gleich, ob dieser fix und von außen verordnet oder inoffiziell und selbst gesetzt ist), können Sie sich fragen: »Wie viel kann ich in der verbleibenden Zeit noch schaffen?«

Aufgaben: Standards, die über längere Zeit aufrechterhalten werden müssen

Projekte sind zwar wichtig, doch nicht alles im Leben ist ein Projekt.

Es gibt Facetten Ihres Berufs- und Privatlebens, die kein klares Endziel und keine Deadline haben. Diese bezeichnen wir als »Aufgaben«.

Eine Aufgabe zeichnet sich aus durch:

1. einen **Standard**, der aufrechtzuerhalten ist.
2. ihren **unbefristeten** Charakter.

Zu arbeitsbezogenen Aufgaben gehören Ihre beruflichen Pflichten, ob im Management, in der Kundenbetreuung, in der Finanzanalyse, in der Strategieentwicklung, im Coaching, in der Personalführung oder in der Beratung. Aufgaben gibt es aber auch im Privatleben – etwa Ihre Gesundheit, Ihre Finanzen, Ihre persönliche Entwicklung und Ihre Beziehungen. Mit diesen sind Sie konfrontiert, solange Sie leben.

Alle genannten Beispiele sind Aufgaben ohne bestimmtes Endergebnis, das erreicht werden soll. Es gibt keine Ziellinie, an der

Ihre Gesundheitspflege »abgeschlossen« ist. Das Thema »Strategie« lässt sich ebenfalls nie endgültig abhaken. Das Gleiche gilt für Ihre Finanzen, um die Sie sich immer kümmern müssen.

Anstelle eines Ziels hat eine Aufgabe einen *Standard, den Sie wahren müssen.*

Sind Sie beispielsweise am Arbeitsplatz für eine Aufgabe wie die Leitung der Produktentwicklung verantwortlich, dann gibt es einen Leistungsstandard (beziehungsweise ein Qualitätsniveau) für Produkte, die in Ihre Zuständigkeit fallen. Dieser kann die Steigerung von Geschwindigkeit und Leistung umfassen, die rasche Fehlerbehebung oder die Freigabe neuer aktualisierter Versionen.

In Bezug auf Ihre Finanzen ist Ihr Standard vielleicht, dass Sie Ihre Rechnungen stets fristgerecht bezahlen und Ihre Familie mit allem versorgen müssen, was sie braucht. Für Eltern mag er darin liegen, sich jeden Abend intensiv mit ihren Kindern zu beschäftigen und sie bedingungslos zu lieben und zu beschützen.

Die Weiterführung Ihrer Aufgaben ist ein fortlaufender Prozess. Er setzt Besonnenheit und Selbsterkenntnis voraus. Sie müssen wissen, was Sie wollen und was Ihnen jeweils fehlt. Mit einer Aufgabe gewinnen Sie eher keinen Preis – sie gleicht vielmehr einem Tanz, den Sie genießen können. Wir bewegen uns dabei in dem Bereich der täglichen Gewohnheiten, der wichtigen Rituale und der zeitlosen Werte, die sich nicht auf ein bestimmtes Projekt beschränken.

Der Unterschied zwischen Projekten und Aufgaben

Ganz einfach: Projekte haben ein Ende, Aufgaben laufen kontinuierlich weiter.

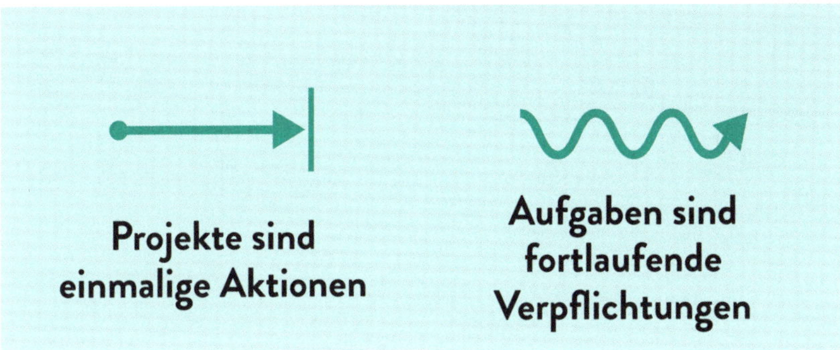

Es gibt jedoch noch ein paar feinere Unterscheidungen, die Sie kennen sollten.

So fällt jedes Projekt in der Regel in einen Aufgabenbereich. Ein paar Beispiele:

- Ein Marathonlauf ist ein Projekt im Rahmen der Aufgabe, etwas für Ihre Gesundheit zu tun.
- Ein Buch zu veröffentlichen, ist ein Projekt im Rahmen der Aufgabe, zu schreiben.
- So viel Geld zurückzulegen, dass Sie damit Ihre Kosten für drei Monate decken können, ist ein Projekt aus dem Aufgabenbereich »Finanzen«.

- Ein Geburtstagsessen zu planen, ist ein Projekt im Rahmen der Aufgabe, Ihre Beziehung zu Ihrem Partner zu pflegen.

Projekte und Aufgaben hängen zwar zusammen, doch Sie müssen diese Kategorien unbedingt auseinanderhalten können. Andernfalls entstehen daraus jede Menge Frust und Probleme. Ich will Ihnen sagen, warum.

Gehen Sie ein Projekt an (sagen wir, Sie schreiben ein Buch), behandeln dieses aber wie eine fortlaufende Aufgabe, ohne dabei ein bestimmtes Ziel oder Ergebnis im Sinn zu haben, fühlt sich das plan- und orientierungslos an. Betrachten Sie eine Aufgabe (etwa ein bestimmtes Gewicht zu halten) als einmaliges Projekt, ist die Wahrscheinlichkeit groß, dass Sie die zusätzlichen Pfunde zwar erfolgreich verlieren, doch anschließend schnell wieder draufhaben, weil Sie Ihren Lebensstil nicht nachhaltig verändern.

Anders formuliert: Projekte und Aufgaben verlangen vollkommen unterschiedliche Herangehensweisen, Einstellungen und Instrumente, um sie erfolgreich zu bewältigen. Wer wissen möchte, welche davon jeweils geeignet sind, muss Sie zunächst richtig erkennen.

Sprint oder Marathon

Stellen Sie sich Projekte als Sprints vor – Sie geben über eine kurze Strecke richtig Gas, um so schnell wie möglich die Ziellinie zu erreichen. Aufgaben gleichen dagegen eher einem Marathon – dafür müssen Sie über eine große Distanz beständig Leistung bringen.

Mir ist aufgefallen, dass die meisten Menschen in ihrem Leben entweder eher zu Projekten oder eher zu Aufgaben neigen. Welche der folgenden Beschreibungen kommt Ihnen bekannt vor?

»Projektmenschen« sind gute Sprinter. Gibt man ihnen ein konkretes Ziel und den Weg dorthin vor, versuchen Sie mit aller Kraft, es unbedingt zu erreichen. Die Schwäche der Sprinter: Haben sie ihr Ziel erst erreicht, fällt es ihnen schwer, weiterzumachen. Sprinter fangen vieles an, betreiben es eine Zeit lang obsessiv und wenden sich dann abrupt anderen Dingen zu.

»Aufgabenmenschen« brillieren dagegen beim Marathon. Schickt man sie auf einen langen Weg, schlagen sie sich verbissen bis zum Ende durch. Die Schwäche der Marathonläufer: Es fällt ihnen oft schwer, die Richtung zu ändern. Eröffnet sich eine Gelegenheit, die rasches, entschlossenes Handeln verlangt, bleiben Marathonläufer oft stur auf ihrem Kurs, selbst wenn das gar nicht mehr sinnvoll ist.

Betrachten Sie Ihr Leben erst unter dem Aspekt von Projekten und Aufgaben, wird deutlich, dass beides wichtig ist: Sprints, um etwas ins Rollen zu bringen, Marathons, um es am Laufen zu halten. Projekte bringen den Zauber und die Spannung mit sich, die jedem Anfang innewohnen, Aufgaben dagegen den Seelenfrieden und den Sinn für Verhältnismäßigkeit, auf den es letztlich ankommt – ungeachtet Ihres persönlichen Erfolges.

PARA ist ein System, das Sie bei beidem unterstützt – bei der Ausführung von Projekten ebenso wie bei der fortlaufenden Bewältigung Ihrer Aufgaben. Aus diesem Grund spielen diese beiden Kategorien auch eine so zentrale Rolle in meinen Empfehlungen dazu, wie Sie Ihr digitales Leben organisieren sollten.

7

Der Unterschied zwischen Aufgaben und Ressourcen

Die zweitwichtigste Unterscheidung innerhalb von PARA betrifft Aufgaben und Ressourcen (also die beiden mittleren Buchstaben im Akronym).

Auf den ersten Blick ähneln sie einander stark – vor allem in Anbetracht der Tatsache, dass ein bestimmtes Thema (wie »Spendenwerbung« oder »Ernährungsforschung«) hier wie dort Platz finden kann.

Es kommt darauf an, *was die betreffende Informationskategorie für Sie bedeutet*.

Sind Sie als Professor für öffentliches Gesundheitswesen an einer namhaften Universität für mehrere Vorlesungsreihen verantwortlich und müssen dabei auch noch eigene Forschungsergebnisse publizieren, ist »Ernährungsforschung« für Sie auf jeden Fall ein ganz wichtiger Aufgabenbereich.

Studieren Sie stattdessen an derselben Universität das Hauptfach Anthropologie an einer anderen Fakultät und interessieren sich nur nebenbei für Ernährung, dann ist dieses Themenfeld für Sie sicherlich eher eine Ressource.

In diesem Fall kommt es darauf an, zu erkennen, dass ein großer Unterschied besteht zwischen *Dingen, für die Sie unmittelbar zuständig sind,* und *Dingen, für die Sie sich lediglich interessieren.* Deshalb schreibe ich Aufgaben grundsätzlich groß und Ressourcen klein – das hält mir stets vor Augen, was wichtiger ist.

Noch einmal: Bringen Sie diese beiden Kategorien durcheinander, hat das große Reibungsverluste und viel Energieverschwendung zur Folge.

Schauen wir uns dazu ein paar Beispiele an.

Aufgaben: Ihre verschiedenen Rollen und Funktionen

Aufgaben sind Bestandteile Ihres Lebens, die fortlaufende Aufmerksamkeit verlangen, wenn ein bestimmtes Qualitäts- oder Leistungsniveau aufrechterhalten werden soll. Es ist hilfreich, sie sich als »Rollen« oder »Funktionen« vorzustellen, die man am Arbeitsplatz und im Privatleben innehat.

Bei der Arbeit übernehmen Sie offizielle Rollen, für die Sie eingestellt wurden – wie die Produktion von Videos, die Bearbeitung von Rechtsfragen oder die Kundenbetreuung. Vielleicht haben Sie im Laufe der Zeit auch inoffizielle Pflichten übernommen, etwa den Newsletter des Unternehmens, eine Mentorenrolle oder das Organisieren von Klausurtagungen.

Dasselbe gilt für unser Privatleben. Wir können an nur einem Tag ganz verschiedene Rollen übernehmen: als Ehefrau, als Vater, als Fußballtrainer, als Nachbarin oder als Freund. Diese Rollen sind in aller Regel eher informell, aber dennoch mit bestimmten Verpflichtungen verbunden, die wir erfüllen müssen. In den Ordner »Ehefrau« könnten Notizen zu den Lieblingsrestaurants Ihrer besseren Hälfte gehören, aber auch Geschenkideen oder Gesundheitsinformationen, die Sie im Notfall parat haben müssen. Im Ordner »Fußballtrainer« liegen vielleicht Übungsvorschläge, Trainingspläne oder eine Mannschaftsliste mit Kontaktdaten. Alles, was Sie nachschlagen oder im Kopf haben müssen, um diese Rollen effektiv auszufüllen, sollten Sie darin erfassen.

Ressourcen: Interessen, Spleens und Leidenschaften

Unter Ressourcen fallen etliche Dinge, die Sie vielleicht irgendwann interessieren oder die Ihre Neugier oder Leidenschaft wecken könnten.

Zu Ressourcen können Dinge gehören, die Sie neu lernen, wie Breakdance, Fotografieren oder Golfspielen. Ressourcen können auch Gebiete oder Trends sein, über die Sie gern mehr wissen möchten – Elternschaft, Kryptowährungen oder künstliche Intelligenz. Zu Ressourcen zählen außerdem Ihre Hobbys und Passionen wie Holzarbeiten, Brotbacken oder Klavierspielen.

Auch wenn Sie für solche Themen regelrecht brennen, empfehle ich trotzdem, sie mit dem eher unterkühlten Begriff »Ressourcen« zu bezeichnen – aus einem ganz bestimmten Grund. Ich selbst bin ein von Natur aus wissbegieriger Mensch, den immer Dutzende, wenn nicht gar Hunderte Themen interessieren. Ich weiß aber um meinen Hang, zu viele Informationen zu sammeln und dem »digitalen Horten« zum Opfer zu fallen. Ich stelle immer wieder fest, dass ich mich zurückhalten und mir bewusst machen muss, was sich wirklich aufzuheben lohnt.

Der Terminus »Ressourcen« lässt unwillkürlich an den *Nutzen* einer Information denken. Anstelle der Frage »Ist das interessant?«, die regelmäßig dazu führt, dass sich zu viel ansammelt, frage ich mich: »Ist das *nützlich*?« Dann hängt die Messlatte gleich viel höher und zwingt mich, mir zu überlegen, was ich nur mit der betreffenden Information erreichen kann, welches Problem sie lösen helfen oder welches Hindernis ich mit ihrer Hilfe überwinden könnte.

Wenn man berücksichtigt, wie wichtig die Frage der Nützlichkeit ist, können zu Ressourcen auch »Aktivposten« zählen wie Stock-Fotos, Produktempfehlungen, Codeschnipsel, Typografievorlagen oder eine »Swipe File« – eine übliche Praxis in der Werbebranche, bei der Texter einen Ordner voller Beispiele vorhalten, von denen sie sich für ihre Arbeit inspirieren lassen.

Aufgaben sind persönlich, Ressourcen können gemeinsam genutzt werden

Es gibt noch einen Richtwert, der vielen hilft, Aufgaben von Ressourcen zu unterscheiden: nämlich die Grenze zwischen persönlichen Informationen und solchen, die allgemein zugänglich gemacht werden können.

Bei Aufgaben handelt es sich von Haus aus um persönliche Dinge. Es geht niemanden etwas an, welche Informationen Sie über Ihre Gesundheit, Ihre Finanzen, Ihre persönliche Entwicklung oder Ihre Kinder sammeln. In meinem Ordner für den Aufgabenbereich Gesundheit liegen zum Beispiel die Ergebnisse von Blutuntersuchungen, Aufzeichnungen über Arztbesuche, Arztrechnungen und Impfnachweise (alles nur für mich persönlich von Bedeutung). Natürlich kann ich einzelne Informationen anderen mitteilen, wenn ich das möchte, doch grundsätzlich sollten diese Kategorien privat bleiben.

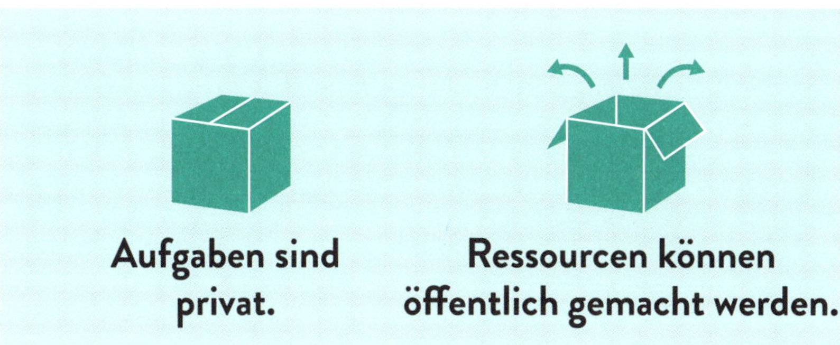

Ganz anders verhält es sich mit Ressourcen, denn zu lernen und Neues zu erforschen sind von Natur aus soziale Aktivitäten. Es gibt viele Situationen, in denen Sie Ihre Aufzeichnungen mit anderen austauschen möchten – etwa um sich Feedback zu einem Artikel zu holen, an dem Sie gerade arbeiten, um Ihre Notizen zu dem Lernstoff, den Sie sich derzeit aneignen möchten, mit einer Kollegin zu teilen, die im gleichen Boot sitzt, oder um einem Freund ein Restaurant in einer Stadt zu empfehlen, die Sie bereits besucht haben.

Deshalb lege ich Ihnen nahe, Ihre Ressourcen grundsätzlich als gemeinsam nutzbar zu betrachten. Dann können Sie spontan einzelne Dokumente (oder auch ganze Ordner) mit anderen teilen, ohne dass Sie diese erst um persönliche Details bereinigen müssen.

Eine Chance, ganz ehrlich mit sich selbst zu sein

Im Zuge meiner Coaching-Sitzungen fällt mir auf, dass viele Menschen eine Menge Zeit und Energie in Dinge investieren, die sie als »Nebensache« bezeichnen, während sie andere Aspekte ihres Lebens vernachlässigen, die von entscheidender Bedeutung sind – wie Sport, Ernährung, Beziehungen oder psychische Gesundheit.

Das ist sicher jedem von uns schon passiert: Ein Bereich unseres Lebens kommt uns zu kompliziert, unsicher oder konfrontativ vor. Also fokussieren wir uns auf etwas anderes, um uns abzulenken. Es gibt uns zunächst ein gutes Gefühl und lässt uns die drängenden Probleme vergessen, wenn wir uns einem aufregenden neuen Hobby oder Interessengebiet widmen. Wir bekommen den Eindruck, dass wir die »neue Sache« durchschauen und beherrschen und dabei greifbare Fortschritte erzielen können.

Doch die Geschichte endet immer gleich: Wenn wir die wichtigen Bereiche unseres Lebens ignorieren, dann laufen so lange Kosten und Konsequenzen auf, bis eines Tages der Damm bricht. Dann bleibt uns nur, die Scherben zusammenzukehren – eine so schmerzliche Erfahrung, dass der Zyklus oft sofort von vorn beginnt.

Die Grenze zwischen Aufgaben und Ressourcen eröffnet uns die Möglichkeit, ganz ehrlich mit uns selbst zu sein: Welche Ihrer Pflichten kann Ihnen tatsächlich niemand abnehmen? Welche schon?

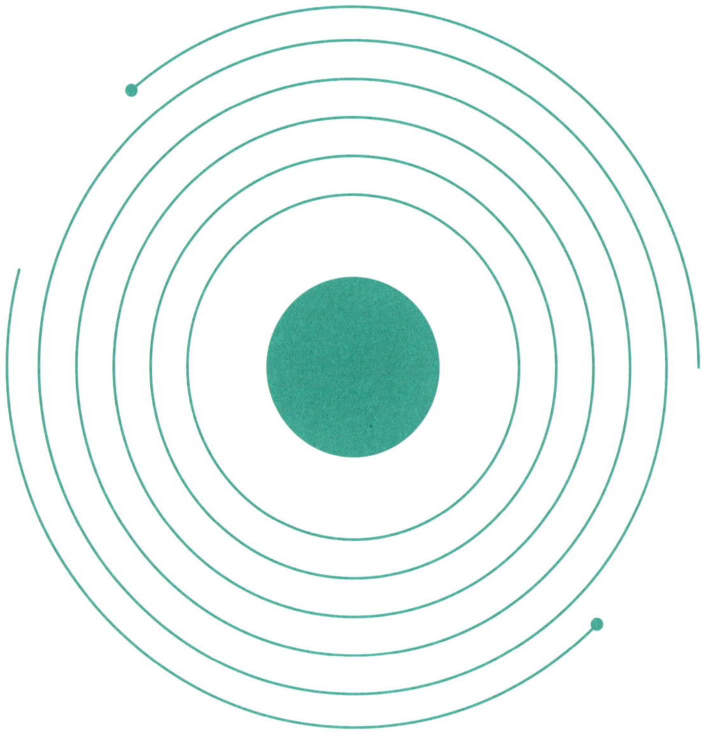

Wie können Sie diese Chance nutzen und sich selbst gegenüber ehrlicher damit umgehen, welche Bereiche Ihres Lebens mehr Aufmerksamkeit verlangen – und Ihr digitales Umfeld so organisieren, dass dies erreicht wird?

8

Wie Sie PARA auf verschiedene Plattformen ausweiten

Ein zentrales Merkmal von PARA ist: Das System ist universell – es funktioniert auf *jeder* Plattform, auf der Informationen gespeichert werden können, und für *alle* Arten von Informationen, die Sie gern speichern möchten. Und es ist auf *jedem* Gerät anwendbar.

Ich stelle fest, dass selbst perfekt organisierte Menschen häufig einen verhängnisvollen Fehler begehen – sie nutzen für jeden Ort, an dem sie Informationen aufbewahren, ein anderes Organisationssystem. Ihre To-do-Liste ist anders organisiert als ihr Rechner, ihr Cloud-Speicher anders als ihre Notiz-App … Sie wissen sicher, wovon ich spreche.

Das ist problematisch, weil jedes Organisationssystem mit einem gewissen *Aufwand* verbunden ist – mit bestimmten kognitiven Anforderungen hinsichtlich seiner Pflege und Verwendung. Selbst wenn die einzelnen Organisationsmethoden für sich genommen sinnvoll sind, verursachen sie in der Kombination eine geistige Überforderung, der nicht einmal die allerklügsten Köpfe der Welt gewachsen sind.

PARA ist dagegen »Plattform-agnostisch«. Das bedeutet, es ist *ein System*, das überall umgesetzt werden kann, auch in:

- Ihrer To-do-Listen-App,
- Ihrem Computer-Ablagesystem (beziehungsweise Ihrem Dokumentenordner),
- Ihrem Cloud-Speicher,
- Ihrer digitalen Notiz-App sowie
- anderen Plattformen, auf denen Informationen gespeichert werden.

Weil das System universell einsetzbar ist, können Sie die gleichen PARA-Ordner auf alle Plattformen »ausweiten«, die Sie nutzen:

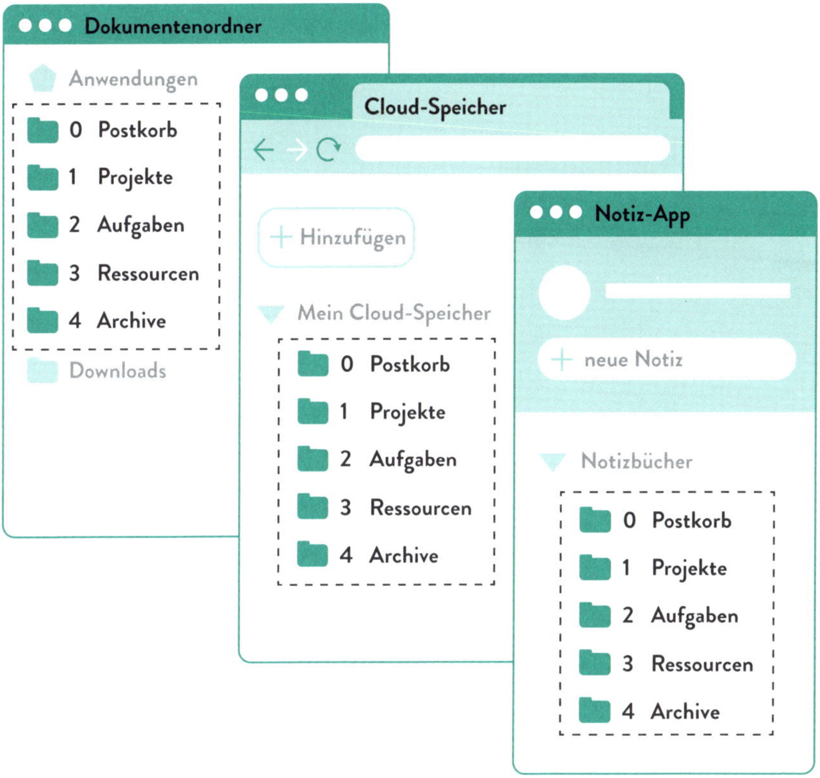

Das ist aus folgendem Grund so bedeutsam: Am Arbeitsplatz und im Privatleben werden Sie grundsätzlich mehrere Plattformen verwenden müssen. Die meisten Projekte und Aufgaben, für die Sie zuständig sind, unterscheiden sich inhaltlich, und alle Inhalte müssen auf der entsprechenden Plattform abgelegt werden.

Veröffentlichen Sie beispielsweise einen Forschungsbericht über eine junge Branche, greifen Sie dabei vermutlich auf Daten zurück (die Sie möglicherweise in Tabellenform speichern), auf

Fotos populärer Produkte (die in einer eigenen Foto-App hinterlegt sind), auf Notizen aus Gesprächen mit sachkundigen Experten (die Sie in einer Notiz-App erfassen), auf Branchenpublikationen im PDF-Format (die in Ihrem Dokumentenordner landen) und auf eine Liste der nächsten geplanten Schritte (in einer To-do-Listen-App).

Die Technik entwickelt sich an vielen Fronten zu schnell, als dass eine App allen Ansprüchen genügen könnte. Statt stur auf die »eine App« zu warten, die »alles kann«, sollten Sie ruhig so viele Apps verwenden, wie Sie wollen, aber allen *dieselbe Struktur* geben. Das empfehle ich bis hin zur exakt gleichen Schreibweise, Zeichensetzung und Groß- und Kleinschreibung, denn dann können Sie sich möglichst nahtlos von einer Plattform auf die andere umstellen. Auf diese Weise profitieren Sie von den einzigartigen Möglichkeiten jeder Plattform, die Sie verwenden möchten, ohne dabei auf Kohärenz und Einheitlichkeit im Hinblick auf Informationen zu verzichten.

PARA gibt die Struktur Ihres Lebens perfekt wieder – und zwar auf jeder Plattform, die Sie nutzen. Statt Ihr Leben mit Gewalt den Vorgaben und Präferenzen des Tools unterzuordnen, das Sie gerade benutzen, sollten Sie genau das Gegenteil tun: Bestimmen Sie, wie Sie Ihr Privat- und Berufsleben organisieren möchten, und fragen Sie sich dann, wie Ihre Tools dazu beitragen können.

Woher Sie wissen, wo eine bestimmte Information hingehört

Da Sie plattformübergreifend dieselben PARA-Kategorien verwenden, stellt sich als Nächstes logischerweise die Frage: Woher weiß ich, auf welcher Plattform ich eine bestimmte Information ablegen soll?

Ich verwende die folgenden Faustregeln, die mir sagen, welches digitale Speichermedium sich für eine bestimmte Information am besten eignet:

1. Handelt es sich um einen **Termin oder ein Meeting** zu einem bestimmten Zeitpunkt, kommt es in meinen **Kalender**.
2. Ist es ein **Arbeitsauftrag**, den ich irgendwann erledigen kann, kommt er in meine **To-do-Listen-App**.
3. **Texte** wandern in meine **Notiz-App** (da diese die besten Suchfunktionen bietet, um einen Text wiederzufinden).
4. **Inhalte, an denen ich gemeinsam mit anderen arbeite,** lege ich in meinem **Cloud-Speicher** ab.[10]
5. **Passt etwas an keinen der bisher angegebenen Orte** (weil es beispielsweise zu groß ist oder ein besonderes Dateiformat

10 Nutzen Sie ein Cloud-Produktivitätspaket wie Microsoft 365 (vormals Microsoft Office 365) oder Google Workspace (vormals Google Suite), dürfte Ihr Cloud-Speicher in ein ganzes Bündel von Produktivitäts-Apps für Textverarbeitung, Tabellen, Präsentationen und dergleichen mehr integriert sein. In den meisten Fällen lassen sich alle von Ihnen erstellten oder in einen solchen Cloud-Speicher hochgeladenen Dokumente mit PARA in der Cloud organisieren.

hat), wandert es in das **Ablagesystem meines Rechners** (den Dokumentenordner).

Wohlgemerkt sind vier der vorstehend erwähnten Plattformen nach dem PARA-System organisiert:

- To-do-Listen-App (enthält nur Projekte und Aufgaben, denn das sind die beiden Kategorien, die mit Arbeitsaufträgen im Zusammenhang stehen)[11]
- Notiz-App
- Cloud-Speicher
- Computer-Ablagesystem

11 Arbeitsaufträge sind gewöhnlich Teil von Projekten. Manchmal gibt es aber auch »schwebende« Arbeitsaufträge innerhalb eines Aufgabenbereichs, die zu keinem bestimmten Projekt gehören. »Tippfehler auf der Website korrigieren« ist beispielsweise ein eigenständiger Teilbereich der Aufgabe »Website«.

Mein Speicherungs-Flussdiagramm:

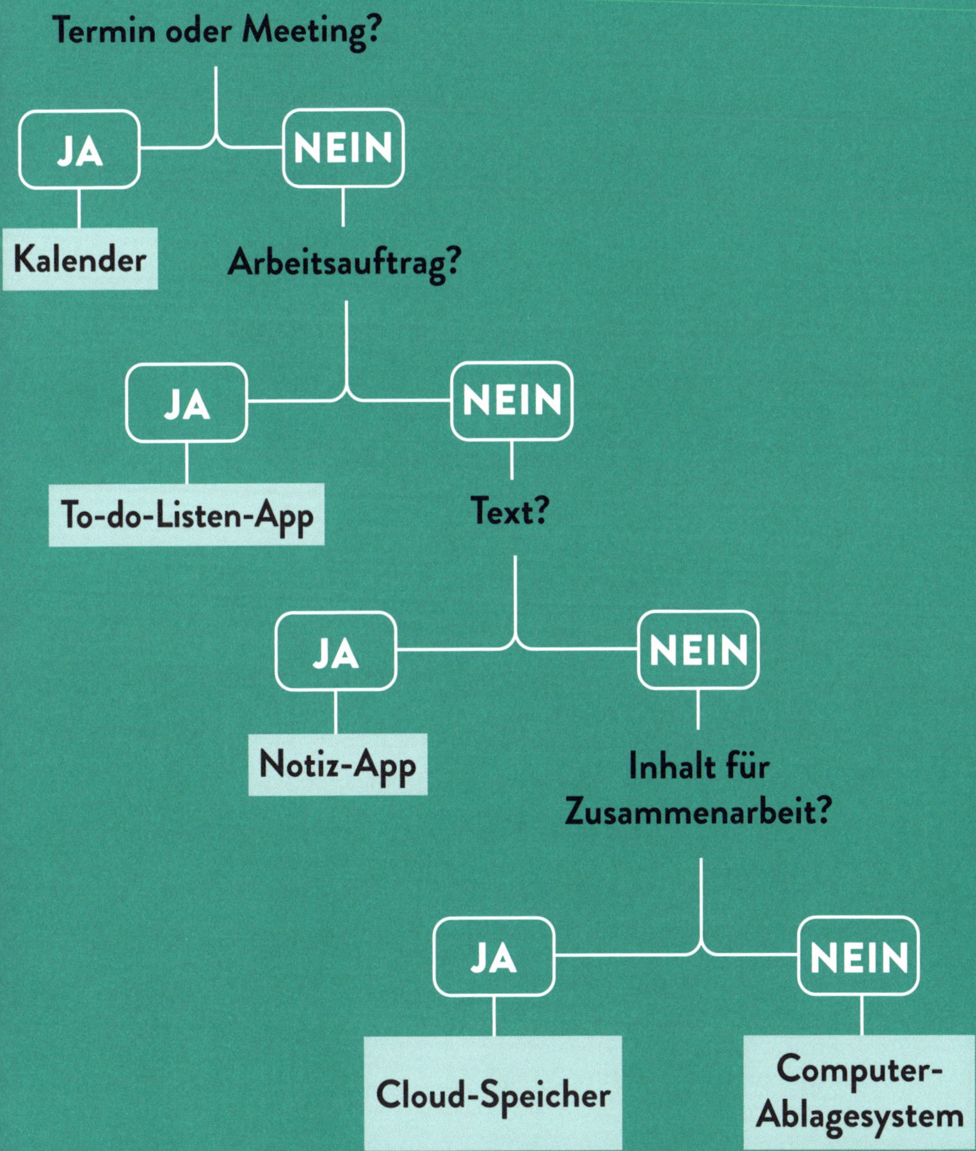

Dabei ist der Kalender zeitgestützt, weshalb es sinnvoller ist, ihn chronologisch nach Datum zu organisieren.

Eine Ausnahme gibt es: Möchte ich vertrauliche Informationen – etwa ein Steuerdokument, Kreditkartendaten, medizinische Informationen oder Passwörter – speichern, dann wähle ich dafür einen Passwortmanager mit Verschlüsselung, um sicherzugehen, dass nur ich darauf zugreifen kann.

Die Vorteile eines plattformübergreifenden Systems

An diesem Punkt fragen sich manche: »Muss ich wirklich auf allen Plattformen einander entsprechende, identische Ordner erstellen?«

Die Antwort: auf keinen Fall!

Erstens sollten Sie auf der jeweiligen Plattform erst dann einen Ordner einrichten, wenn Sie etwas darin ablegen möchten. Ansonsten haben Sie am Ende nur einen Wust leerer Ordner, der Ihren Arbeitsplatz zumüllt und Sie nicht weiterbringt. Ein neuer Ordner ist in Sekundenschnelle erstellt – deshalb sollten Sie das erst und nur dann erledigen, wenn er gebraucht wird.

Zweitens gibt es keinen Grund, aus dem sich die Ordner in einer bestimmten Kategorie auf allen Plattformen eins zu eins entsprechen sollten. So werden die Aufnahmen meiner Zoom-Gespräche beispielsweise automatisch in einem Ressourcenordner auf meinem Rechner gespeichert. Ich brauche aber sicherlich keinen zweiten Ordner mit »Zoom-Aufnahmen« an einem anderen Speicherort. Viele Kategorien von Informationen dürfen auf nur einer Plattform liegen – sie sollen nur dann auf alle anderen Plattformen übernommen werden, wenn das nötig ist, um ein Projekt voranzubringen.

Ich ahne schon: Sie finden, es ist Zeitverschwendung, manuell an verschiedenen Speicherorten für Informationen dieselben Ordner zu erstellen. Es macht sicherlich etwas mehr Arbeit, hat aber dafür enorme Vorteile: Sie sind dann nicht auf eine einzige Plattform angewiesen.

Ich habe einmal an einem großen Beratungsprojekt für einen Telekommunikationsriesen gearbeitet, als die von uns eingesetzte Projektmanagement-Plattform ohne Vorwarnung den Betrieb einstellte. Der Anbieter war von einem großen Tech-Unternehmen aufgekauft worden, und dieser hatte beschlossen, das Produkt abrupt einzustellen. Während alle anderen Teammitglieder in Hektik verfielen, konnte ich in Minuten auf eine neue Plattform wechseln, weil meine Projekte und Aufgaben bereits unabhängig von irgendeinem bestimmten Programm existierten.

Das Angebot an Produktivitätssoftware verändert sich laufend. Das muss aber nicht für Ihre Organisationsmethoden gelten. Wird eine Funktion, auf die Sie angewiesen sind, abgeschafft oder ändern sich die Richtlinien oder die Preise einer Plattform unerwartet, so betrifft das nur diese eine Plattform. Mit PARA sind Risiken oder Gefährdungen lediglich auf einen Teil Ihres digitalen Lebens beschränkt und wirken sich nicht automatisch auch auf alle anderen Bereiche aus.

PARA ist aus einem einfachen Grund ein plattformübergreifendes System: weil auch Ihre Projekte plattformübergreifend sind. Sie werden kaum je nur eine einzige App nutzen, um ein Projekt zum Abschluss zu bringen. PARA bietet Ihnen eine Möglichkeit, Informationen zu bündeln, auf die Sie Zugriff haben müssen, obwohl diese an verschiedenen Orten gespeichert sind.

Stellen Sie sich bloß vor, was Sie für Möglichkeiten hätten, wenn es für Sie kein Problem wäre, mit vielen verschiedenen Software-Tools zu arbeiten, weil alle harmonisch ineinandergreifen.

Wie würde sich Ihre Arbeitswelt verändern, wenn jedes verfügbare Tool Sie weiterbringen und Ihnen den Weg in eine Zukunft ebnen würde, wie sie Ihnen vorschwebt?

9

Informationen im Fluss halten

Eine der häufigsten Fragen von Menschen, die die Wirksamkeit von PARA für sich entdecken, dreht sich um die Zukunft: »Was muss ich tun, um dieses System am Laufen zu halten?«

Und hier zeigt PARA, was es kann. Die Antwort lautet nämlich: nicht viel.

Es gibt keine strikten Regeln dafür, welches Format Informationen haben müssen – sie können in Form von Textdokumenten, Bildern, PDFs, Audio- oder Videodateien, Präsentationen, GIFs und so weiter vorliegen. Es gibt auch keine Regeln dafür, wie Sie Dinge benennen müssen, die Sie speichern – eine einfache Bezeichnung, aus der hervorgeht, worum es sich handelt, genügt vollkommen.

Ebenso wenig gibt es Regeln dafür, wie die Organisation innerhalb der einzelnen Ordner auszusehen hat, und diese lässt sich durchaus zeitsparend bewältigen. Natürlich können die PARA-Unterordner chronologisch nach ihrem Entstehungsdatum sortiert werden, doch das schafft Ihr Rechner auch ganz gut allein.

Was bleibt dann eigentlich noch für uns zu tun?

Ganz einfach: *Sie müssen die Informationen im Fluss halten.*

PARA ist kein mechanisches System wie der Motor eines Autos, der regelmäßig mit bestimmten Handgriffen gewartet werden muss. PARA ist vielmehr ein organisches System wie ein Teich oder ein Wald. Stehendes Wasser wird irgendwann faulig und fängt an zu riechen. Auch Ihr PARA-System wird schnell schal und verliert an Relevanz, wenn keine neuen Informationen mehr dazukommen.

Informationsflüsse innerhalb des PARA-Systems

Die meisten Organisationsmethoden sind *statisch*: Sie beruhen auf der Annahme, dass es für jede Information den einen richtigen Ort gibt. Vielleicht haben Sie schon mal von der Dewey-Dezimalklassifikation gehört, die in vielen Bibliotheken weltweit eingesetzt wird: Über eine Ziffernkombination können Sie *genau* ermitteln, wo jedes Buch im Regal hingehört.

Doch bei der Organisation *persönlicher* Informationen in *digitaler* Form gibt es diesen einen richtigen Platz nicht. PARA ist ein dynamisches System: Jede Datei und jedes Dokument kann an verschiedenen Orten abgelegt werden – worauf es ankommt, ist *Ihre Beziehung zu dieser Information*. Und diese Beziehung verändert sich ständig.

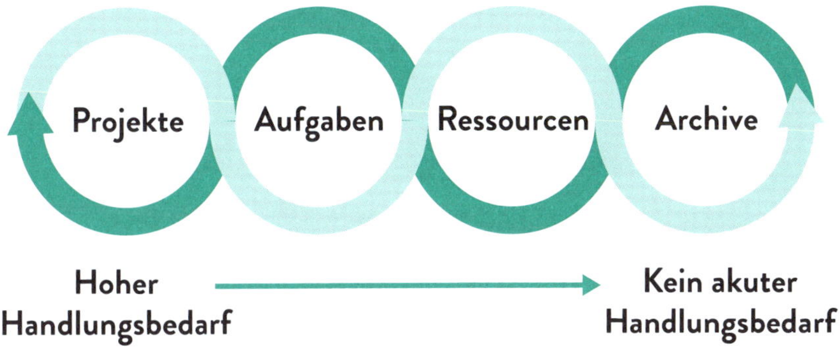

Stellen Sie sich zur Veranschaulichung vor, Sie lesen eines Abends einen Artikel über effektive Coaching-Methoden und speichern ein paar der interessantesten Auszüge daraus in Ihrer Notiz-App. Vielleicht tragen Sie in Ihrem Job bisher keine Personalverantwortung und brauchen daher momentan noch keine Tipps dazu, wie Sie am Arbeitsplatz andere optimal coachen. Deshalb speichern Sie die Notizen in einem Ressourcen-Ordner mit dem Titel »Coaching«, damit Sie bei Bedarf darauf zurückgreifen können.

Im Jahr darauf werden Sie in Ihrem Unternehmen auf einen Posten mit Personalverantwortung befördert, sodass Personalführung fortan zu Ihren Aufgaben gehört. Schon ist für eine ganze Wissenskategorie Handlungsbedarf angezeigt.

Vielleicht ergreifen Sie jetzt in Ihrem PARA-System ein paar entscheidende Maßnahmen, um Ihrer neuen Funktion gerecht zu werden. Die besagten Notizen über Coaching-Methoden könnten aus dem Ressourcen-Ordner über »Coaching« in einen neuen

Aufgabenordner wandern, der »Personalführung« heißt. Sie haben dieses Wissen sozusagen *befördert*, um es häufiger in den Fokus zu stellen.

Es vergehen noch ein paar Jahre, bis Sie erneut befördert werden – in eine leitende Führungsposition. Wieder gestalten Sie Ihre Wissenslandschaft entsprechend um. Vielleicht sind Sie nun dafür zuständig, den Führungsnachwuchs des Unternehmens zu schulen und weiterzugeben, was Sie gelernt haben.

Dann könnte der Inhalt Ihres Ordners für »Personalführung« in einen neuen Projektordner mit dem Titel »Management-Workshop« übergehen, weil das darin gespeicherte Wissen nunmehr ausschlaggebend für das kurzfristige Ziel ist, Ihren ersten Workshop zu halten. Die Erkenntnisse und Anregungen, die Sie sich vor Jahren abends beiläufig angelesen haben, steigen an die Oberfläche und erhalten besondere Relevanz für Ihre drängendste Herausforderung.

Stellen Sie sich abschließend vor, dass Sie ein paar Jahre später kündigen und sich selbständig machen wollen. Damit besteht für die in Ihrem Projektordner »Management-Workshop« abgelegten Informationen kein akuter Handlungsbedarf mehr, denn Sie gehen davon aus, dass Sie vorerst keine Leute beschäftigen und entsprechend anleiten müssen.

Sie brauchen den Ordner aber nicht zu löschen – verschieben Sie ihn einfach in die Archive. Wenn es so weit kommt, dass Sie eines Tages doch Mitarbeiter einstellen, haben Sie das entsprechende Know-how griffbereit. Wie ein inaktiver Vulkan ruht es, um im richtigen Moment die Weisheit einer ganzen Berufskarriere auszuspucken.

Sie merken schon – ein einziges Ereignis in unserem Leben kann unsere Prioritäten grundlegend verschieben. Und dann haben wir nicht die Zeit, »genau zu recherchieren« – wir müssen die entsprechenden Recherchen, in Form von Lektüre und Notizen, schon erledigt und deren Ergebnisse *bereits parat* haben.

Die Inhalte des PARA-Systems bewegen sich ständig zwischen den verschiedenen Kategorien hin und her – ganz wie es Ihre Bedürfnisse, Ihre Ziele, Ihr Lebensstil und Ihre Prioritäten gerade verlangen.

Nichts ist in der Welt
von heute so sicher
wie der Wandel.
Deshalb sollten
wir starre Systeme
meiden, die eine
unflexible Einstellung
zu Informationen
fördern.

Halten Sie Informationen im Fluss

Hier noch ein paar weitere Beispiele für Situationen, in denen eine bestimmte Information (ob nun eine Textzeile, ein Foto, eine digitale Notiz oder ein ganzer Ordner voller Dokumente) zwischen PARA-Kategorien hin- und herfließen kann.

Aus PROJEKTE in AUFGABEN: Vielleicht stellen Sie ja fest, dass Sie einen Trainingsplan, den Sie zur Vorbereitung auf einen Marathon (ein Projekt) verwendet haben, gern routinemäßig befolgen wollen. Dann erstellen Sie einfach einen neuen Aufgabenordner namens »Training« und schieben ihn dorthin, damit er weiter zu Ihrem Alltag gehört.

Aus AUFGABEN in PROJEKTE: Wenn Sie meinen, es sei an der Zeit, das operative Geschäft Ihrer Organisation auf die nächste Stufe zu bringen (was ein einmaliges Projekt erfordert), dann sollten Sie idealerweise bei Ideen ansetzen, die Sie in Ihrem Aufgabenordner »OPERATIVES GESCHÄFT« gesammelt haben. Oft ergeben sich neue Projekte aus bestehenden Aufgaben.

Aus AUFGABEN in RESSOURCEN: Manchmal merken Sie, dass eine Information, die Sie ursprünglich nur für sich persönlich relevant fanden (wie eine Liste mit Veranstaltungsorten in einer Stadt) auch für andere interessant sein könnte. Dann sollten Sie diese aus den Aufgaben in die Ressourcen verschieben, damit sie geteilt werden kann.

Aus RESSOURCEN in AUFGABEN: Angenommen, Sie wollen künftig häufiger selbst kochen, um sich gesünder zu ernähren. Dann verlegen Sie am besten ein paar einfache Rezepte aus dem Ressourcenordner »rezepte« in den Aufgabenordner »KOCHEN«. Auf diese Weise können Sie gleich loslegen, ohne erst lange im Internet recherchieren zu müssen.

Aus AUFGABEN und RESSOURCEN in ARCHIVE: Wir haben bereits darüber gesprochen, wie Projekte in die Kategorie Archive wandern, wenn sie abgeschlossen sind oder auf Eis gelegt werden. Dasselbe gilt für Aufgaben und Ressourcen. Verlieren Sie das Interesse an Vogelbeobachtung, Schach, Jiu-Jitsu oder Motorradreparaturen, müssen Sie diese Inhalte nicht gleich löschen. Verschieben Sie sie einfach in die Kategorie Archive. Vielleicht können Sie sie ja irgendwann wieder brauchen.

Aus ARCHIVE in PROJEKTE: Stellen Sie sich vor, Sie wollen eine Konferenz veranstalten, um Ihr Unternehmen als Vorreiter in einer neuen Branche zu etablieren. Planung und Unterlagen für Konferenzen sind häufig ähnlich und können wiederverwendet werden – wenn Sie sie irgendwo gespeichert haben. Nutzen Sie einfach die Suchfunktion, um eine berufliche Veranstaltung zu finden, die Sie in der Vergangenheit organisiert haben. Dann können Sie alles nützliche Material, das Sie so herausfiltern, in einen neuen Projektordner überführen, um vorhandenes Know-how zu nutzen.

Eine Bemerkung zum Schluss: Ich verschiebe Notizen und Dateien zwar am liebsten komplett von einem Ort an einen anderen, doch Ihnen stehen in Wirklichkeit vier Optionen zur Verfügung, eine vorhandene Information in einer neuen Kategorie unterzubringen:

1. Verschieben eines einzelnen Objekts (zum Beispiel, wenn nur dieses eine Objekt für ein neues Projekt relevant ist)
2. Verschieben eines ganzen Ordners (wenn alle darin enthaltenen Objekte relevant sind)
3. Verlinken zweier Objekte (wenn das ursprüngliche Objekt an Ort und Stelle bleiben soll)[12]
4. Markieren mehrerer Objekte mit demselben Tag (wenn Sie viele Objekte verbinden möchten, ohne diese zu verschieben)

Das Einzige, was Sie dabei um jeden Preis vermeiden sollten, ist, Objekte zu duplizieren. Es sollten grundsätzlich nie zwei Versio-

12 Die meisten digitalen Notiz-Apps und Speicherplattformen für Dateien bieten die Möglichkeit, »Links« einzurichten. Sie können diese Funktion nutzen, um Dokumente auf derselben Plattform oder Dokumente auf verschiedenen Plattformen zu verlinken.

nen einer Datei oder eines Dokuments vorhanden sein, denn dann wissen Sie nie, welche die aktuelle ist.

Ihre Informationen sollten im Fluss bleiben, damit Sie selbst vorankommen. Fließen und verändern sich die Informationen um uns herum fortlaufend, können wir Probleme leichter aus einer anderen Perspektive betrachten und verzetteln uns nicht so schnell. Sie werden sogar feststellen, dass Projekte somit bereits in Gang kommen, noch bevor Sie bewusst den Startschuss gegeben haben!

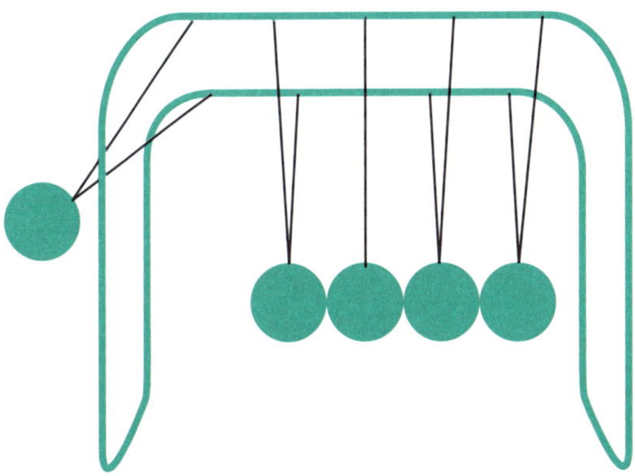

10

PARA im Team

Unsere eigenen digitalen Welten kollidieren und überlappen sich ständig mit den digitalen Welten anderer.

Wissen sollte geteilt werden. Deshalb fragen Sie sich jetzt womöglich, ob Sie PARA auch für die Zusammenarbeit mit anderen verwenden können. Die gute Nachricht: PARA funktioniert für Teams, ganze Unternehmen und andere Organisationen genauso wie für eine Einzelperson!

Ich habe mit Hunderten von Leuten aus verschiedenen Branchen darüber gesprochen, wie sich ihr Wissen organisieren lässt – von milliardenschweren Finanzinstituten wie der Weltbank über führende Biotech-Unternehmen wie Genentech bis hin zu innovativen Start-ups wie Sunrun.

Wir arbeiten inzwischen alle in einer wissensbasierten Wirtschaft. Das heißt, die Fähigkeit, zu dokumentieren und darauf zuzugreifen, was Ihre Leute wissen, ist nicht nur eine entscheidende Voraussetzung für Wachstum, sondern auch fürs nackte Überleben.

Ein Bottom-up-Ansatz fürs Wissensmanagement

PARA fällt in ein bereits jahrzehntealtes Fachgebiet namens »Wissensmanagement« (englisch Knowledge Management oder kurz KM). KM soll Möglichkeiten finden, wie Menschen ihr Wissen effektiv miteinander teilen können, um die Organisation auf dem Weg zu ihren Zielen voranzubringen.

Ich weiß noch genau, wie der Topmanager eines Unternehmens, für das ich tätig war, eines Tages ohne Vorwarnung beschloss, Wissensmanagement zu »implementieren«. Prompt wurde ein Wiki (eine Wissensdatenbank) eingerichtet, und wir wurden angewiesen, unser »Wissen zu teilen«, indem wir alles in diese Datenbank eingaben, was wir erfuhren. Nach ein paar Wochen schaute niemand mehr hinein.

Diese und ähnliche Erfahrungen ließen mich erkennen, dass ein solcher Top-down-Ansatz fürs Wissensmanagement gleich mehrere maßgebliche Probleme verursacht.

Es kostet *eine Menge* Zeit und Mühe, Wissen so zu artikulieren, dass es andere verstehen können. Da sich dieser Aufwand bei den wenigsten Beschäftigten in der Vergütung oder Bewertung ihrer Leistung niederschlägt, bleibt er schnell auf der Strecke. Außerdem birgt es auch gewisse Risiken, offen mit eigenen Ideen umzugehen, denn diese könnten Kritik erregen oder falsch verstanden werden. Und dann ist da noch die Angst, leicht ersetzbar zu sein, wenn man das eigene Know-how umfassend dokumentiert.

Dass ich so oft beobachten konnte, wie der Top-down-Ansatz fürs KM scheiterte, brachte mich zu der Erkenntnis, dass moderne Organisationen dafür einen Bottom-up-Ansatz benötigen. Es kann nicht sein, dass Sie Wissen aus Ihren Leuten herausquetschen, als wäre es eine natürliche Ressource, die man auf Halde legen könnte.

Wissensmanagement muss sich auf die Bedürfnisse Einzelner fokussieren und in erster Linie der Steigerung ihrer *persönlichen* Produktivität und Effektivität dienen, damit sie das Beste aus sich herausholen können.

Hier meine vier wichtigsten Empfehlungen, wie das mit PARA im Team zu erreichen ist:

1. Stellen Sie klar, welche PARA-Variante in Ihrer Organisation eingesetzt werden soll.
2. Schulen Sie Ihre Leute im Einsatz von PARA.
3. Legen Sie ausschließlich Gemeinschaftsprojekte auf gemeinschaftlich genutzten Plattformen ab.
4. Fördern Sie eine Schreibkultur.

EMPFEHLUNG 1: Stellen Sie klar, welche PARA-Variante in Ihrer Organisation eingesetzt werden soll

Meine erste Empfehlung lautet, festzuschreiben, wie PARA für Ihre Organisation konkret aussehen soll.

Selbst wenn Sie vorhaben, sich strikt nach meinen Ratschlägen zu richten, bekommt PARA doch immer einen eigenen Charakter – einen, der mit Ihrer Unternehmenskultur vereinbar sein sollte.

Ich empfehle Ihnen, für Ihr Team »PARA-Regeln« aufzustellen zu Grundsatzfragen wie:

- Wie definieren Sie jeweils »Projekt«, »Aufgabe«, »Ressource« und »Archiv«?
- Was muss passieren, damit ein neues Projekt beim Start als »aktiv« gilt?
- Was muss passieren, wenn ein Projekt abgeschlossen, auf Eis gelegt oder gecancelt wird (damit es als »inaktiv« gilt)?
- Welches sind die offiziell unterstützten Plattformen, auf denen PARA zum Einsatz kommt?
- Welche Regelungen, Vorgaben und Normen geben vor, wie Ihre Leute PARA einsetzen?
- Wer beaufsichtigt als »PARA-Beauftragte(r)« die Umsetzung und sorgt dafür, dass Vorgaben eingehalten werden?

EMPFEHLUNG 2:
Schulen Sie Ihre Leute im Einsatz von PARA

Ich schlage vor, Sie betrachten die Umsetzung von PARA in erster Linie als *Schulungs*frage, nicht als technische Herausforderung.

Die größte Falle, in die Manager meiner Erfahrung nach tappen, ist die Vorstellung, sie könnten PARA »installieren«, ohne ihren Leuten vorher bestimmte Kenntnisse zu vermitteln. Weit gefehlt. Glauben Sie mir: Sie werden Ihrem Team beibringen müssen, wie PARA funktioniert – und zwar nicht nur ganz allgemein, sondern auch speziell *für Ihr Team*.

Ich rate Ihnen, anhand der PARA-Regeln (die Sie nach meinen vorstehenden Empfehlungen aufgestellt haben) Präsentationen zu erstellen, Demos durchzuführen und Workshops zu veranstalten, um alle ins Boot zu holen.

Sie werden überrascht sein, wie viele bisherige Angewohnheiten und Einstellungen im Umgang mit Informationen die meisten auch bei der Einführung einer so narrensicheren Methode wie dieser ablegen müssen – zum Beispiel die Vorstellung, es gäbe eine »richtige« Organisationsmethode oder nur *einen* Ort, an dem eine bestimmte Information gespeichert werden darf. Oder die Annahme, dass eine formelle Ordnung und eine präzise Struktur stets besser seien.

Versäumen Sie es daher auf keinen Fall, Ihren Leuten die gemeinsamen Konventionen und Strategien zu vermitteln, die darüber bestimmen, wie Wissen entsteht und untereinander ausgetauscht wird.

EMPFEHLUNG 3: Legen Sie ausschließlich Gemeinschaftsprojekte auf gemeinschaftlich genutzten Plattformen ab

Hüten Sie sich bei der Einführung eines gemeinsamen PARA-Systems für Ihr ganzes Team oder Unternehmen vor einem häufigen Fehler: Verschieben Sie nicht alle einzelnen digitalen Objekte auf einmal in ein einziges gemeinsames PARA-System.

Man könnte meinen: Wenn ein Inhalt wichtig ist, sollten dann nicht alle Zugang dazu haben?

Auf keinen Fall – schließlich ist es gar nicht Ihr Ziel, dass jeder ständig auf alles Zugriff hat. Warum nicht? Dazu müssen Sie wissen, dass es erhebliche kognitive Anstrengungen erfordert, Wissen effektiv zu kommunizieren.

Ich hatte mir einmal ein paar private Notizen zu einem Buch über moderne Projektmanagement-Methoden gemacht – formlos und unübersichtlich. Es reichte ja, wenn ich wusste, was damit gemeint war. Die daraus gewonnenen Erkenntnisse hätte ich dann doch gern mit meinem Team geteilt, merkte aber schnell, dass ich meine spontanen Notizen nicht einfach per E-Mail weiterleiten konnte. Um den Inhalt verständlich und sinnvoll darzustellen, musste ich *viel mehr* Kontext liefern und meinen Aufzeichnungen

Struktur geben: Schlüsselbegriffe definieren, Überschriften und Absätze einfügen, ein Inhaltsverzeichnis erstellen, mehr Hintergrundinformationen geben und meine Gedankengänge sauber erläutern.

Das erledigt sich nicht von allein – es verursacht *kognitive Kosten* in Form von Zeit und Mühe, was wiederum bedeutet, dass man nicht gleichzeitig an anderen Dingen arbeiten kann, die wichtiger wären: ein klassischer Zielkonflikt.

Aus diesem Grund empfehle ich Ihnen, Ihre Teammitglieder anzuweisen, *persönliche* Aufzeichnungen, Dateien und Dokumente grundsätzlich in ihrem *privaten* PARA-System zu speichern. Erst wenn ein Projekt, eine Aufgabe oder eine Ressource *Gegenstand der Zusammenarbeit* wird, erst wenn mehrere Personen daran beteiligt sind, sollten die entsprechenden Dokumente in einem unternehmensweiten PARA-System in gemeinschaftlich genutzte Ordner überführt werden.

Das gewährleistet, dass jeder nur auf solche Informationen Zugriff hat, die er braucht, um seine Aufgabe zu erfüllen.

Gemeinsames Laufwerk von Forte Labs

- ▶ 1 Forte-Labs-Projekte
- ▶ 2 Forte-Labs-Aufgaben
- ▶ 3 Forte-Labs-Ressourcen
- ▶ 4 Forte-Labs-Archive

EMPFEHLUNG 4: Fördern Sie eine Schreibkultur

Sie werden schnell merken: Wissensmanagement ist nichts anderes als eine Form der Kommunikation.

Wie ich in *Nutzen Sie Ihr zweites Gehirn* geschrieben habe, sind einzelne Dokumente, Notizen oder andere digitale Objekte Nachrichten, die durch die Zeit an einen künftigen Empfänger gesendet werden. Ob diese am anderen Ende ankommen und verstanden werden, richtet sich wie bei jeder anderen Nachricht auch nach der *Qualität* der Kommunikation.

Qualitativ hochwertige Kommunikation erfüllt folgende Kriterien:

- Ist sie interessant und spannend? (*Wollen* die Menschen das lesen?)
- Ist sie präzise und unmissverständlich? (Können die Menschen problemlos erfassen, was damit gemeint ist?)
- Löst sie Empathie aus? (Ist sie so geschrieben, dass sie für den Leser nachvollziehbar ist?)
- Trägt sie zur Lösung von Problemen bei? (Ist sie eindeutig nützlich und wirkungsvoll?)
- Gibt sie einen Handlungsanstoß? (Erleichtert sie anderen die Umsetzung?)

Aus diesen Fragen wird deutlich, dass effektives Wissensmanagement letztlich damit steht und fällt, wie gut sich Menschen schriftlich ausdrücken können. Kurz gesagt: Ihr Team kann Wissen nur dann effektiv austauschen, wenn es über eine Schreibkultur verfügt.

Wie Sie die Voraussetzungen dafür schaffen? Hier fünf Anregungen, die meiner Erfahrung nach viel bringen:

- **Gehen Sie mit gutem Beispiel voran:** Führungskräfte und Vorgesetzte können eine Vorbildfunktion übernehmen, indem sie ihre wichtigsten Ideen und Entscheidungen regelmäßig schriftlich mitteilen.
- **Arbeiten Sie mit Anreizen:** Beschäftigte auf allen Ebenen können Lob und Anerkennung dafür erhalten, wenn sie sich die Zeit nehmen, ihre Gedanken schriftlich auszuformulieren.
- **Geben Sie Feedback:** Mitarbeitenden, die Ihnen direkt unterstellt sind, können Sie unter vier Augen Feedback zu Textentwürfen geben, bevor diese in Umlauf kommen.
- **Nehmen Sie sich Zeit zum Lesen:** Jedem Meeting kann »Lesezeit« vorangestellt werden, um deutlich zu machen, dass der Kontext für Gespräche am besten in schriftlicher Form aufgenommen werden kann.
- **Sorgen Sie für Einheitlichkeit:** Führen Sie eine einheitliche Bezeichnung für interne Schriftstücke ein (wie Memo, Vorschlag, Einseiter oder Artikel) und erstellen Sie dafür eine einheitliche Vorlage (etwa mit Google Docs oder Notion).

Je mehr Unterstützung und Anreize Sie bieten, desto wahrscheinlicher werden sich Ihre Kolleginnen und Kollegen hinsetzen und ihre Ideen schriftlich abfassen. Ist ihnen das erst in Fleisch und Blut übergegangen, wird es die Qualität ihrer Denkprozesse steigern und zu besseren Entscheidungen und Gesprächen führen – und so letztlich zu einem effektiveren Wissensmanagement.

TEIL

III

TIEFER EINTAUCHEN

11

Wie Sie eine Projektliste erstellen

Hätten Sie mich als Produktivitätscoach engagiert, würden wir unsere ersten Termine darauf verwenden, Ihre Projektliste zu formulieren. Diese Liste ist der Dreh- und Angelpunkt Ihres produktiven Lebens. Ohne sie kommen wir nicht weit.

Sie können sich die Kosten für diese Sitzungen sparen, wenn Sie mich durch folgenden Prozess begleiten.[13]

Ihre Projektliste ist eine Auflistung, die an einem Ort alle Ergebnisse zusammenfasst, auf die Sie gerade hinarbeiten. Sie ist eine Bestandsaufnahme all dessen, was Sie hervorbringen, entwickeln, erreichen oder lösen möchten.

Sie gleicht einer To-do-Liste, ist allerdings umfangreicher und umfasst einen längeren Zeithorizont, sodass Sie sich daran orien-

13 Die Übung in diesem Kapitel ist eine Adaption aus David Allens Buch *Wie ich die Dinge geregelt kriege*, das »persönliche Produktivität« neu definiert und mir als Vorlage für meine Arbeit diente.

tieren können. Auch ähnelt sie einer Liste von Zielen, ist allerdings praxisnäher und ganz im Hier und Jetzt verankert.

Ihre Projektliste zu formulieren, ist an und für sich schon eine unglaublich nützliche Übung – und gleichzeitig der Eckpfeiler des PARA-Systems. Die meisten Menschen brauchen fünf bis zehn Minuten, um die folgenden Schritte durchzuführen. Daraus ergibt sich dann eine Liste mit zehn bis zwanzig Projekten. Aus diesem Grund verwenden wir lieber eine Software, um diese im Blick zu behalten – nicht nur unsere grauen Zellen!

Wie Sie eine Projektliste erstellen:

ERSTER SCHRITT:
Erfassen Sie aktuelle Projekte

Stellen Sie sich einen Timer (fünf Minuten sollten für einen ersten Durchgang reichen) und schreiben Sie alles auf, was Ihnen zu den folgenden Fragen einfällt – beruflich oder privat, ganz egal:

- Was macht Ihnen gerade Sorgen?
- Welches Problem beansprucht mehr geistige Kapazitäten, als es verdient?
- An welcher Stelle müssten Sie eigentlich laufend größere Fortschritte erzielen?
- Welche bereits ergriffenen Maßnahmen sind Teil eines größeren Projekts, das Sie noch nicht als solches erkannt haben?
- Was würden Sie gern lernen, weiterentwickeln, aufbauen, ausdrücken, verfolgen, starten, genauer ergründen oder ausprobieren?
- Welche Kompetenzen würden Sie gern erwerben? Welchen neuen Hobbys würden Sie gern nachgehen?
- Welche Projekte könnten Sie beruflich voranbringen, Ihnen Freude machen oder Ihr Leben bereichern?

ZWEITER SCHRITT: Fügen Sie jedem Projekt ein Ziel hinzu

Sie wissen ja: Ein Projekt ist jedes Unterfangen, das:

1. ein Ziel verfolgt.
2. mit einem Termin (oder einer Frist) versehen ist.

Nehmen Sie sich eine Minute Zeit und fügen Sie jedem Projekt auf Ihrer Liste in Klammern ein Ziel hinzu. Zum Beispiel:

- **Projekt:** Wegen meiner Rückenschmerzen zum Arzt gehen (**Ziel:** Rückenschmerzen loswerden, damit ich wieder richtig durchschlafen kann).
- **Projekt:** Programm für eine Offsite-Klausur planen (**Ziel:** dem Team klarmachen, was erreicht werden soll, und die nächsten Schritte zuteilen).
- **Projekt:** Vertriebskampagne mit Linda erarbeiten (**Ziel:** Vertriebskampagne von der Geschäftsleitung absegnen lassen und Budget zuweisen).

DRITTER SCHRITT:
Ergänzen Sie Termine oder Fristen

Gehen Sie die Liste im Anschluss noch einmal durch und setzen Sie Termine für den Abschluss der Projekte. Halten Sie sich nicht zu lange damit auf, ob es sich dabei um feste Deadlines oder einfach um den Zeitraum handelt, in dem Sie das Projekt gern über die Bühne bringen würden.

Sie können den einzelnen Posten auf Ihrer Liste Termine hinzufügen, indem Sie diese einfach um einen Zusatz ergänzen wie »bis spätestens ...«. Zum Beispiel so:

- Projekt: Wegen meiner Rückenschmerzen zum Arzt gehen **bis spätestens Freitag, 24. Februar** (Ziel: Rückenschmerzen loswerden, damit ich wieder richtig durchschlafen kann).
- Projekt: Programm für eine Offsite-Klausur **bis spätestens Ende des dritten Quartals** planen (Ziel: dem Team klarmachen, was erreicht werden soll, und die nächsten Schritte zuteilen).
- Projekt: Vertriebskampagne mit Linda **bis spätestens zur nächsten Sitzung der Geschäftsleitung** erarbeiten (Ziel: Vertriebskampagne von der Geschäftsleitung absegnen lassen und Budget zuweisen).

VIERTER SCHRITT:
Setzen Sie Prioritäten

Vermutlich werden Sie in einer beliebigen Woche kaum bei jedem Projekt auf Ihrer Liste Fortschritte erzielen – möglicherweise sogar nur bei den wenigsten. Prioritäten sollten Sie daher unbedingt *nur für die kommende Woche* definieren.

Mit welchen Projekten sollten Sie sich nächste Woche vordringlich beschäftigen? Setzen Sie diese ganz oben auf die Liste. Welche sollten in der nächsten Woche wenig bis keine Kapazitäten in Anspruch nehmen? Stellen Sie diese ans Ende.

Ihr einziges Ziel besteht in der jeweiligen Woche darin, nur bei einigen wenigen Projekten, die ganz oben auf der Liste stehen, Fortschritte zu erzielen.

FÜNFTER SCHRITT: Bewerten Sie Ihre Projektliste neu

Nun liegt Ihnen eine vollständige Bestandsaufnahme all der Dinge vor, um die Sie sich diese Woche kümmern müssen. Das gibt Ihnen Gelegenheit, sich ein paar schwierige, aber ausgesprochen aufschlussreiche Fragen zu stellen:

- Mit welchen Zielen oder Prioritäten, die Sie als wichtig bezeichnen, sind gar keine Projekte verknüpft? (Das sind sozusagen »Träume«, denn sie dürften sich in näherer Zukunft kaum realisieren lassen.)
- Mit welchen Projekten, auf die Sie viel Zeit verwenden, sind keine Ziele verbunden? (Diese bezeichnen wir als »Hobbys«, denn etwas, womit Sie kein bestimmtes Ziel verfolgen, tun Sie vermutlich »nur zu Ihrem Vergnügen«.)
- Welche Projekte können Sie streichen, aufschieben, vom Umfang her reduzieren, delegieren, auslagern oder klarer definieren?

Es spricht übrigens absolut nichts dagegen, Träume oder Hobbys zu haben. Sie haben genauso ihre Berechtigung und sind wichtige Bereiche Ihres Lebens. Sie dürfen sie nur nicht mit Ihren Projekten und Aufgaben verwechseln.

Mit diesem Schritt sorgen wir lediglich dafür, dass Sie Ihre Zeit und Kraft darauf konzentrieren, was Ihnen wirklich wichtig ist.

In der Hektik des Alltags verlieren wir das schnell aus dem Fokus. Bevor wir es richtig merken, vernachlässigen wir Dinge, die uns angeblich besonders am Herzen liegen, und verschwenden unsere kostbare Zeit auf nachweislich Nebensächliches.

Die fünf Schritte, durch die ich Sie gerade begleitet habe, können Teil einer »wöchentlichen Überprüfung« werden. Sie können sie einmal die Woche durchgehen – oder immer dann, wenn Sie sich überfordert oder überlastet fühlen. Ich garantiere Ihnen: Schon ein paar Minuten später wissen Sie wieder, worauf es ankommt und was Sie erreichen wollen.

Ja und Nein sagen und dabei Integrität wahren

Haben Sie eine ordentliche Projektliste aufgestellt, gibt Ihnen diese das nötige Selbstvertrauen, neue Arbeitsaufträge anzunehmen *oder* abzulehnen. Ist Ihnen erst klar, wie viel Kapazitäten Sie tatsächlich haben, können Sie bewusst und strategisch darüber entscheiden, wofür Sie diese verwenden wollen, statt nur zu reagieren.

Viele meiner Coaching-Klienten erkennen mithilfe dieser Übung, dass Sie sich übernehmen. Ein Blick auf die gesamte Bandbreite ihrer bestehenden Pflichten offenbart ihnen, dass sie nicht noch eine weitere Produktivitäts-App oder -Methode brauchen, sondern lernen müssen, Nein zu sagen zu Dingen, die nicht wirklich wichtig sind.

Haben Sie erst
alles getan, um
klarzustellen, was
Ihnen am wichtigsten
ist, können Sie in aller
Ruhe und überlegt
entscheiden, woran
Sie festhalten und was
Sie loslassen sollten.

Und jedes Mal, wenn Sie Nein sagen, weil etwas nicht so wichtig ist, wird all die Zeit und Kraft, die Sie bisher darauf verwendet haben frei – für andere Dinge, die Ihnen wichtiger sind.

12

Die drei zentralen Gewohnheiten für gute Organisation

Die bittere Wahrheit lautet: Wahrscheinlich werden Sie schon bald wieder alles vergessen, was Sie in diesem Buch lesen.

Das ist ja der Grund, aus dem wir Informationen speichern, stimmt's? Wir wissen, dass uns unser Gedächtnis gern mal im Stich lässt. Deshalb bedienen wir uns technischer Hilfsmittel, um Erinnerungen auszulagern und uns gegen das Vergessen abzusichern.

Statt so zu tun, als würden Sie sich alles merken, was ich hier schreibe, wollen wir annehmen, dass Sie in ein paar Stunden oder Tagen nur noch eine schwache Erinnerung an das Gelesene haben.

Was bleibt, sind lediglich die Verhaltensweisen, die Sie sich auf meinen Rat hin an- oder abgewöhnen.

Aus meinen Beobachtungen dazu, *wie viele* Menschen die PARA-Methode anwenden, gehen drei Gewohnheiten hervor, die im

Grunde alles zusammenfassen, was dieses Buch ausmacht. Jede davon stützt sich auf einen zeitlosen Grundsatz, der seine Bedeutung auch dann nicht verliert, wenn sich die zugrunde liegende Technologie verändert. Im Zusammenspiel stellen diese drei Verhaltensweisen sicher, dass Sie sich nicht nur *besser* organisieren, sondern auch *auf Dauer*.

DIE DREI GEWOHNHEITEN:

1

Sich ergebnisorientiert organisieren

2

Sich bedarfsorientiert organisieren

3

Grundsätzlich zwanglos vorgehen

ERSTE GEWOHNHEIT: Sich ergebnisorientiert organisieren

Einer der größten Fehler ist es, Organisation als Selbstzweck zu betrachten.

Es hat etwas Befriedigendes, den eigenen Arbeitsplatz in Ordnung zu halten oder Notizen so perfekt zu gestalten, dass Sie sie jederzeit auf Instagram posten könnten.

Das ist alles gut und schön, wenn es Ihnen Freude macht. Aber Sie haben dieses Buch kaum deshalb in die Hand genommen. Ich wette, Sie möchten etwas ganz anderes erreichen – nämlich ein Resultat oder Ergebnis, das für Sie große Bedeutung hat.

Genau dafür ist PARA gedacht:

- Jede Entscheidung erfolgt unter dem Aspekt: »Was kann mir helfen, in dieser Sache voranzukommen?«
- All die im Vorfeld geleistete Arbeit der akribischen Benennung, Etikettierung und Betitelung ist erledigt und fällt weg.
- Es ist kein fortlaufender Aufwand erforderlich – Sie müssen lediglich Ihre Projekte zum Abschluss bringen.
- Die Kategorie mit dem dringendsten Handlungsbedarf – »Projekte« – wird sorgfältig abgeschirmt gegen Ablenkungen durch andere Arten von Informationen, die zwar interessant erscheinen, aber nicht zielführend sind.

Jede dieser Leitplanken soll Ihnen helfen, alles abzulegen, was nicht dem angestrebten Ziel dient.

Ob es Ihnen darum geht, ein schwieriges Projekt erfolgreich zu beenden oder sich in einem beliebigen Lebensbereich höhere Standards zu setzen – Sie sollten stets beim Endziel anfangen und dann rückwärts vorgehen, um zu entscheiden, welche Informationen Sie *wirklich* dafür benötigen, dieses Ziel zu erreichen. Alles andere blenden Sie aus.

ZWEITE GEWOHNHEIT: Sich bedarfsorientiert organisieren

Meine Organisationsphilosophie lautet: Organisieren Sie so wenig wie möglich so spät wie möglich – und nur, soweit es absolut notwendig ist.

Für ein Buch über Organisation mag diese Aussage seltsam anmuten, doch Organisation um ihrer selbst willen bringt keinen Mehrwert. An und für sich ist Organisation nicht wertsteigernd – es sei denn, sie versetzt Sie in die Lage, effektive Maßnahmen zu ergreifen.

Aus diesem Grund handelt es sich bei PARA um einen minimalistischen Ansatz, der kleine »Stupser« vorsieht, um Informationen von einem Ort an einen anderen zu verschieben, wenn sich Ihre Bedürfnisse verändern. PARA ist eine Bottom-up-Methode, die organisch auf Veränderungen in Ihrem Leben reagiert.

Statt aufwendig Ihre digitalen Informationen zu organisieren »für den Fall«, dass Sie sie irgendwann brauchen könnten, sollten Sie abwarten, bis ein eindeutiger Bedarf vorliegt, und Ihre Notizen und Dateien dann entsprechend für das Projekt organisieren, an dem Sie *jetzt gerade* arbeiten. Auf diese Weise vermeiden Sie im Vorfeld viel Arbeit von fragwürdigem Wert und sparen Ihre Kräfte für den Moment auf, in dem Sie genau wissen, was Sie erreichen möchten.

DRITTE GEWOHNHEIT: Grundsätzlich zwanglos vorgehen

PARA erfordert nur an einer Stelle besondere Präzision, nämlich bei der Definition von Projekten. Ansonsten darf alles gern ein bisschen durcheinandergehen – und sollte es sogar. Hochpräzise Systeme erfordern hohen Unterhaltungsaufwand. Aus diesem Grund sollten die allermeisten Aspekte Ihrer digitalen Welt grundsätzlich form- und zwanglos sein.

Diese Regel trägt dem Umstand Rechnung, dass Informationen nicht immer dadurch an Wert gewinnen, dass Sie zwanghaft geordnet werden. Sie haben schon richtig gehört: Manchmal *verlieren* Informationen sogar an Wert, wenn sie in ein zu enges Organisationskorsett gepresst werden.

Die größten Durchbrüche gelingen oft durch unerwartete Verknüpfungen zwischen Ideen. Ist Ihr System dafür zu formgebunden, verhindern Sie, dass sich solche Verknüpfungen ergeben können. Gestattet das System allerdings eine gewisse Unordnung und Zufälligkeit, eröffnet das Gelegenheiten zur Verknüpfung und Vermischung ganz unterschiedlicher Ideen.

Deshalb bin ich mit vielen Empfehlungen von Organisationsgurus nicht einverstanden. So rate ich beispielsweise ausdrücklich davon ab:

- innerhalb von Ordnern interne Strukturen einzuführen,
- eine einheitliche Vorlage für die Inhalte von Notizen oder Dokumenten zu verwenden,
- hierarchisch über mehrere Ebenen Unterordner einzurichten und
- Datenbanken oder andere formelle Methoden zu verwenden, um persönliche Informationen zu organisieren.

Ich habe all diese Praktiken ausprobiert und stets festgestellt, dass sie wertvolle Zeit kosten, die sich viel sinnvoller verwenden lässt, um an den Ideen selbst zu arbeiten. Widerstehen Sie dem Drang, übermäßig komplexe Mechanismen einzuführen, wenn auch ganz einfache, klare Strukturen genügen. Sie werden früher oder später froh sein, dass Sie sich die zeitraubende Arbeit gespart haben, die solche Mechanismen grundsätzlich mit sich bringen.

Ideen schützen, bis sie aufblühen

Eine aufkeimende Idee ist ausgesprochen empfindlich. Wie ein Neugeborenes hat sie eine Menge Potenzial, muss aber vor allen möglichen Risiken und Bedrohungen geschützt werden – etwa vor Gefahren wie Selbstzweifeln, Kritik durch andere oder der eigenen Angst, sie könnte nicht gut genug sein. Allein ist die Idee noch nicht lebensfähig. Deshalb ist sie aber keinesfalls schlecht. Sie braucht nur Zeit und Raum, um ihr endgültiges Potenzial zu entwickeln – ganz wie wir Menschen.

Jede von mir bislang empfohlene Verhaltensweise trägt dazu bei, ein Umfeld zu schaffen, in dem solche neuen Ideen entstehen können. Organisieren Sie diese Ideen dann ergebnisorientiert, ist sichergestellt, dass Sie sie aktiv in der Realität austesten. Eine bedarfsorientierte Organisation spart Ihnen Zeit und Kraft, die Sie unerwarteten Chancen widmen können. Und eine von Haus aus zwanglose Herangehensweise ermöglicht, dass sich neue Verknüpfungen und Muster ergeben.

Stellen Sie sich die PARA-Ordner als verschiedene geschützte Räume für frisch geschlüpfte Ideen vor, die sich dort spielerisch ausprobieren können, bevor sie flügge werden.

Die »Trennwände« zwischen den einzelnen Ordnern müssen Sie sich vorstellen wie einen Sandkasten, in dem entfernt verwandte Ideen ungeregelt aufeinandertreffen und miteinander spielen können – bis sie irgendwann erwachsen werden und stark genug sind, um sich allein in die Welt hinauszuwagen.

13

Mehr Fokus, Kreativität und Perspektive durch PARA

PARA kann eingesetzt werden, um drei Gemütszustände herbeizuführen, die für Wissensarbeiter besonders erstrebenswert sind: Fokus, Kreativität und Perspektive.

Gehen wir diese im Einzelnen durch.

Wie Sie PARA einsetzen, um sich zu fokussieren

Fokus ist im Grunde nichts anderes, als »sich in einem gegebenen Moment nur auf eine Sache zu konzentrieren«. Theoretisch ist das ein ganz einfacher Grundsatz, doch in der Praxis nicht so simpel.

Ich stelle oft fest, dass sich Menschen im selben Umfeld zu fokussieren versuchen, in dem neue Informationen auf sie einströmen.

Sie nutzen ihren E-Mail-Posteingang als To-do-Liste und wundern sich dann, warum sie ständig von eingehenden Nachrichten abgelenkt werden. Oder sie nutzen ihren Web-Browser fürs Multitasking und können sich nicht erklären, warum sie am Ende mit jeder Menge Browser-Tabs von Seiten dastehen, die sie gar nicht gelesen haben.

Um uns zu fokussieren, müssen wir uns von den ständigen Benachrichtigungen aus dem Internet abschotten und uns in einen privaten, abgeschiedenen Raum zurückziehen.

Sollten Sie zufällig im Besitz einer einsamen Hütte im Wald sein, sind Sie zu beneiden. Für alle anderen kann dieser Rückzugsort einfach eine andere Software sein als diejenige, die ihnen als Schnittstelle zur Außenwelt dient.

Wenn ich mich fokussieren muss, schalte ich das WLAN aus. Ich weiß genau, dass ich mich nicht auf einen Arbeitsauftrag konzentrieren kann, wenn gleich hinter dem Browser-Fenster eine Flut von Informationen winkt. Wenn ich mich hinsetze, um konzentriert zu arbeiten, wähle ich eine Aufgabe aus meiner To-do-Liste aus, schalte alle meine Geräte in den Offline-Modus und gehe erst wieder online, wenn diese Aufgabe erledigt ist.

Diesen Rat haben Sie womöglich schon gehört. Er ist aber nahezu unmöglich zu befolgen, solange Sie nicht über ein vertrauenswürdiges, umfassendes System zur Verwaltung digitaler Informationen verfügen. Liegt alles in der Cloud, können Sie sich dem Sirenengesang des Internets nie entziehen, um etwas fokussiert abzuarbeiten.

PARA kann Ihre Hütte im Wald sein – ein Ort, an dem Sie die Welt aussperren und sich mit Ihren eigenen Ideen, Theorien und kreativen Eingebungen beschäftigen, bevor Sie diese präsentieren.

Wie Sie PARA nutzen können, um Ihrer Kreativität Raum zu geben

Sie haben vermutlich schon oft gehört, wie wichtig Kreativität heute für beruflichen Erfolg ist.

Es ist ganz einfach, Informationen zu sammeln. Und wie wir gesehen haben, ist es auch nicht besonders schwer, diese abzulegen. Doch wenn Sie sich damit zufriedengeben, laufen Ihre Anstrengungen lediglich auf das Horten von Daten hinaus. Wertschöpfung entsteht aber nicht aus Input – sondern aus Ihrem Output, dem Sie Ihren persönlichen Stempel aufgedrückt haben.

Vieles aus meinem Buch *Nutzen Sie Ihr zweites Gehirn* baut auf PARA auf – mit einem holistischen System für Kreativität im digitalen Zeitalter.

Mit Blick auf das vorliegende Buch geht es bei PARA aber darum, ein Umfeld zu schaffen, in dem Kreativität entstehen kann. Kreativität gibt uns viele Rätsel auf, doch eines weiß ich sicher:

Verfügen Sie über eine Sammlung interessanter Ideen, die sorgfältig kuratiert wurden, alle mit einem bestimmten Ziel oder Projekt im Zusammenhang stehen und an einem zentralen Ort erfasst sind, passieren wahre Wunder.

Auch alle anderen Kreativitätswerkzeuge und -methoden, die Sie vielleicht ausprobieren möchten, funktionieren unter diesen Voraussetzungen wesentlich besser.

Um diesen Vorteil zu nutzen, empfehle ich Ihnen, Informationen, die Sie in Ihrem PARA-System speichern wollen, danach auszuwählen, welche Resonanz diese bei Ihnen auslösen. Was berührt Sie? Wovon bekommen Sie Gänsehaut? Was jagt Ihnen Schauer über den Rücken, lässt Ihr Herz schneller schlagen oder weckt Ihren Glauben an Wunder? Aus diesem Stoff ist Kreativität gemacht – und deshalb sollten Sie möglichst viel davon auf Vorrat halten.

Wie Sie PARA einsetzen, um die richtige Perspektive zu gewinnen

Es ist hilfreich, sich jede der Hauptkategorien von PARA als eine Art »Horizont« vorzustellen.

Der Horizont für Ihre Projekte ist eher kurzfristig und umfasst die kommenden Stunden oder Tage. Der Horizont für Ihre Aufgaben und Ressourcen ist mittelfristig und erstreckt sich über Wochen und Monate. Ihre Archive dürften dagegen auf besonders lange Sicht von Nutzen sein – mit einem Horizont von Monaten oder Jahren.

Warum es sinnvoll ist, Ihre Informationen anhand unterschiedlicher Zeitskalen zu segmentieren? Weil jede solche Skala eine ganz andere Einstellung und Denkweise erfordert.

Im Tagesgeschäft, in dem Dinge erledigt werden müssen, sollten Sie sich ausschließlich auf Ihre aktiven Projekte konzentrieren. Dazu gehören die Maßnahmen und Informationen, die in den nächsten Stunden oder Tagen ergriffen oder rekapituliert werden müssen. Auf dieser Zeitskala gibt es rasche Veränderungen. Deshalb sollten Sie Ihre Informationen stets griffbereit und im Blick haben.

Für diesen kurzfristigen Zeithorizont sind die folgenden Fragen von Bedeutung:

- Welche Projekte pressieren derzeit besonders?
- Welche Arbeitsaufträge sind besonders zeitkritisch?
- Welche Schritte müssen Sie als Nächstes unternehmen, um voranzukommen?
- Auf welche Informationen müssen Sie dafür zugreifen?

Aufgaben und Ressourcen gewinnen erst über einen längeren Zeithorizont an Bedeutung. Das können Wochen oder Monate sein. Vielleicht müssen Sie während der Arbeitswoche, wenn Sie ganz damit beschäftigt sind, Brände zu löschen, nur selten darauf zurückgreifen. Es ist jedoch ratsam, gelegentlich – etwa bei der wöchentlichen Überprüfung – weiter zu blicken und langfristige Überlegungen anzustellen. Und dann haben die Inhalte, die Sie unter Aufgaben und Ressourcen erfasst haben, besonderen Wert.

In diesen Momenten der Reflexion sollten Sie sich folgende Fragen stellen:

- Welchen Standard (welche Qualität oder Leistung) strebe ich in jedem meiner Aufgabenbereiche an?
- Entspreche ich diesem Standard im Moment?

- Wenn nicht, gibt es neue Projekte, Gewohnheiten, Routinen oder andere Praktiken, die ich einführen, abstellen oder verändern kann?
- Gibt es Ressourcen, die mir das ermöglichen würden?

Bei der Bewertung Ihrer Ressourcen sollten Sie sich fragen:

- Gibt es neue Interessen oder Leidenschaften, denen ich mich gern intensiver widmen würde?
- Gibt es Hobbys oder Freizeitbeschäftigungen, die ich vernachlässigt habe, denen ich aber gern wieder aktiver nachgehen würde?

Indem PARA die Informationen in Ihrem Leben danach sortiert, *wann sie benötigt werden,* eröffnet Ihnen das System stets die richtige Perspektive, ganz gleich, welcher Zeithorizont Ihre Aufmerksamkeit gerade in Anspruch nimmt. Es erlaubt Ihnen auch, gleichzeitig verschiedene Zeiträume zu bearbeiten, um so die Zukunft herbeizuführen, die Sie anstreben.

14

Im Zweifelsfall einfach von vorn anfangen

Ich habe Ihnen viele Ratschläge und Empfehlungen dazu an die Hand gegeben, wie Sie PARA für sich effektiv nutzen können. Im vorliegenden Kapitel erhalten Sie noch einen abschließenden Tipp:

Wenn Sie nicht weiterkommen oder sich überfordert fühlen, archivieren Sie einfach alles und fangen Sie noch einmal ganz neu an. Richten Sie sich dabei nach den Anleitungen aus dem dritten Kapitel. Ein Beispiel:

- Entwickelt sich Ihr **Dokumentenordner zu einem brennenden digitalen Müllcontainer**, verschieben Sie den gesamten Inhalt in ein mit dem heutigen Datum versehenes Archiv und fangen Sie von vorn an.
- Stapeln sich im Postkorb Ihrer Notiz-App **tonnenweise digitale Notizen**, verschieben Sie diese in einen auf heute datierten Archivordner und haken Sie sie ab.

- Ist Ihr **Cloud-Speicher ein einziges Chaos**, kopieren Sie alle darin enthaltenen Daten in ein datiertes Archiv und beginnen Sie eine neue Woche, einen neuen Monat oder ein neues Jahr mit einem Neustart.

Ja, Sie haben ganz richtig gelesen: Eine »digitale Bankrotterklärung« ist ein Notausgang, den Sie jederzeit nutzen können, wenn Ihnen Ihre digitale Welt zu chaotisch wird oder über den Kopf wächst. Ich habe das schon oft gemacht, und es vermittelt mir jedes Mal wieder ein Gefühl der Erleichterung und der Begeisterung für Neues.

In finanzieller Hinsicht ist eine Bankrotterklärung natürlich eine folgenschwere Angelegenheit. Nicht so in der digitalen Welt. Es hat keine nachteiligen Folgen, wenn Sie Daten archivieren, denn Sie können in Zukunft immer noch darauf zugreifen.

Es ist nichts in Stein gemeißelt

In diesem Buch habe ich akribisch den Prozess nachgezeichnet, nach dem ich mich richte, um mein PARA-System am Laufen zu halten. Ich weise aber ausdrücklich darauf hin, dass alle beschriebenen Schritte optional sind. Keiner davon ist absolut unabdingbar, um aus der Organisation Ihrer digitalen Welt Vorteile zu ziehen.

In manchen Wochen habe ich zu viel zu tun, um meine Postkörbe durchzugehen und Bezeichnungen zu ergänzen. Also lasse ich es bleiben. Ich weiß ja, dass ich notfalls immer alles mit der Suchfunktion auffinden kann – ohne viel manuellen Aufwand.

In manchen Wochen komme ich nicht dazu, jedes Objekt einzeln aus dem Postkorb in die richtigen Ordner zu ziehen. Also klicke ich einfach auf »alle auswählen« und lade sie irgendwo ab. Wieder bietet die Suchfunktion die magische Lösung, Dinge wiederzufinden, die ich nicht genau klassifiziert und etikettiert habe.

Manchmal geht es so drunter und drüber, dass ich es wochenlang nicht schaffe, meine Projektliste zu aktualisieren. Macht nichts – ich versichere Ihnen, es kommt nicht zum Super-GAU, nur weil noch ein paar inaktive Projekte auf Ihrer Liste stehen.

PARA ist ein ausgesprochen belastbares System und behält alles, wo Sie es abgelegt haben – so lange, bis Sie die Zeit finden, das neu zu regeln, ob in sieben Tagen oder in sieben Monaten. Genau das ist ja der große Vorteil eines einfachen Systems – es hält dem Zahn der Zeit problemlos Stand, bis Sie sich wieder darum kümmern können.

Sich nicht an Informationen festklammern

Offenbar haben die meisten Menschen ein gewisses Pflichtgefühl gegenüber Ihren digitalen Besitztümern. Vermutlich haben Ihre Eltern Ihnen schon in jungen Jahren beigebracht, Ihre Sachen ordentlich wegzuräumen und pfleglich zu behandeln. Es fühlt sich beinahe wie eine moralische Pflicht an, unser digitales Umfeld genauso in Ordnung zu halten wie unsere physische Umgebung.

In der digitalen Welt ist dieses Verhalten aber nicht zielführend. Wer versucht, selbst das kleinste Datenfitzelchen sorgsam aufzubewahren, der gleicht einem Messie, der in seiner Wohnung allen möglichen alten Trödel hortet, bis hin zum leeren Pizzakarton. Die meisten Inhalte gehen unaufgefordert bei uns ein. Deshalb können wir sie auch unbesorgt ins Archiv verfrachten – ganz ohne schlechtes Gewissen.

Ich weiß – alles zu archivieren und einen Neustart zu wagen, kann beängstigend sein. Sie haben sich vielleicht jahrelang Gedanken darüber gemacht, wie Sie all diese Dateien am besten organisieren können, und nun komme ich daher und fordere Sie auf, sie einfach im Archiv zu deponieren? Ganz genau.

Sie wissen ja: Sie verlieren nichts. Sollten Sie wirklich irgendetwas aus der Vergangenheit benötigen, steht es Ihnen jederzeit offen, Ihr Archiv danach zu durchforsten und die Datei hervorzukramen. Ich gehe allerdings davon aus, dass das viel seltener vorkommen wird, als Sie annehmen – wenn überhaupt.

In Wahrheit wird die Suchtechnologie jedes Jahr besser. Vermutlich werden Sie künftig meist über immer fortschrittlichere Suchalgorithmen auf Ihre Dateien zugreifen. Die künstliche Intelligenz steht ebenfalls vor der Tür. Aller Voraussicht nach werden Sie in Zukunft einfach eine KI bitten, Ihren Informationsbestand zu durchsuchen und für Sie zu finden, was Sie brauchen. Aus diesem Grund dürfte die Zeit, die Sie darauf verwenden, Ihre Informationen akribisch zu ordnen, höchstwahrscheinlich verschwendet sein.

Jetzt haben Sie die Chance, einen Strich zu ziehen und die Art und Weise, wie Sie bisher mit Informationen umgegangen sind, hinter sich zu lassen.

Das ist Ihre Gelegenheit, sich digital unabhängig zu machen von dem Chaos und Durcheinander, das Sie an Vergangenem festhalten lässt.

Ich lade Sie ein, sich proaktiv eine neue Identität zuzulegen – ein Mensch zu werden, der sich nicht mit banalen Details verzettelt, sondern stattdessen freudig begrüßt, was in seinem Leben gerade neu und lebendig ist.

Wollen Sie meine Einladung annehmen?

15

Organisation als persönliche Entwicklung

Als Coach höre ich von meinen Klienten zwischen den Zeilen häufig die eine oder andere Version der folgenden Aussage: »Ich bin einfach nicht gut organisiert.«

Erstaunlicherweise sind es in der Regel besonders kompetente, produktive und erfolgreiche Menschen, die das von sich behaupten. Würden sie in ihrem Leben nicht mehr erreichen wollen, wäre es ja kein Problem, dass sie »nicht so gut organisiert« sind!

Offenbar sind wir unbewusst davon überzeugt: »Wenn ich nur besser organisiert wäre, könnte ich alles erreichen.« Auf Nachfrage kann mir aber keiner sagen, was er damit eigentlich meint. Das ist wie eine Luftspiegelung, die in der Ferne vor uns auftaucht, aber bei jedem Versuch der Annäherung zurückweicht.

Ich möchte Ihnen gern meine Definition von »besser organisiert sein« mitgeben. Lassen Sie uns aber zunächst klären, was darunter nicht zu verstehen ist.

Es geht dabei keineswegs um Ästhetik oder um den schönen Schein. Lassen Sie sich nicht einreden, ein aufgeräumter, klar strukturierter Arbeitsplatz mit möglichst viel Leerraum könne Ihnen wie durch Zauberhand Klarheit oder Seelenfrieden vermitteln.

Kontrolle ist nicht der Weg, sich besser zu organisieren. Also Vorsicht vor der Falle: Versuchen Sie nicht, Ihr digitales Umfeld streng zu kontrollieren und das als Ausrede zu verwenden, um sich der ureigenen Unsicherheit des Lebens nicht stellen zu müssen.

Organisiert zu sein, bedeutet meiner Ansicht nach, die eigene Macht zu stärken.

»Macht« ist für viele ein unanständiges Wort. Wir sollen nicht *machthungrig* sein. Machtstreben ist peinlich und bleibt am besten korrupten Politikern und gierigen Kapitalisten überlassen – ist es nicht so?

Ganz falsch.

Die Erfüllung *all* Ihrer Wünsche hängt davon ab, wie viel Macht Sie besitzen. Alle Ziele, die Sie beruflich und privat verfolgen, alle Veränderungen, die Sie auf Ihrem Fachgebiet oder in Ihrem Umfeld herbeiführen möchten, alle Beziehungen, die Sie aufbauen oder verbessern wollen, alles, was Sie erleben und besitzen möchten.

Das alles hängt davon ab, wie gut es Ihnen gelingt, aus jeder Ihnen zur Verfügung stehenden Quelle Macht zu gewinnen und diese darauf zu verwenden, die gewünschten Ergebnisse zu erzielen.

Macht ist eine Funktion der Erkenntniskraft. Indem Sie sich mit Informationen umgeben, die Sie fesseln, erschließen Sie sich nach und nach die unglaubliche Begeisterung für Lernen und Wachstum, die in Ihnen ruht.

Macht entstammt Systemen, die nicht von Ihrer augenblicklichen Energie, Aufmerksamkeitsspanne oder Selbstdisziplin abhängig sind. Aus diesem Grund müssen Sie im PARA-System für jede Information eine Entscheidung treffen – und nur diese eine: Wann ist diese Information das nächste Mal relevant?

Letztlich ergibt sich Macht auch aus der richtigen Ausrichtung.

Gewöhnlich ist die Versuchung groß, PARA so einzurichten, dass es dem Leben gleicht, *von dem Sie träumen* – nicht dem Leben, wie es wirklich ist. Erstellen Sie keine ehrgeizigen Projekte und setzen Sie sich keine Ziele, die nur Wunschdenken sind. Wenn Sie den Mut haben, ehrlich zuzugeben, was Sie gerade beschäftigt, und dafür sorgen, dass sich das in PARA widerspiegelt, dann erst beginnt die Macht wirklich zu fließen.

Sie können etwas erst dann verändern, wenn Sie sich selbst gegenüber ganz ehrlich zugeben, was verändert werden muss.

Die Ära der Weisheitsarbeiter

Seit Jahrzehnten bezeichnen wir uns jetzt schon als »Wissensarbeiter«, weil Wissen unser größter Aktivposten ist.

Dieser Begriff wurde vor über sechzig Jahren geprägt, und die Ära der Wissensarbeiter neigt sich allmählich ihrem Ende zu. Wissen ist zur Ware geworden und wurde universell zugänglich gemacht – erst durch Suchmaschinen und inzwischen auch durch die immer höher entwickelte künstliche Intelligenz. Das bedeutet, dass es keine Vorteile mehr bringt, über bestimmtes Wissen zu verfügen.

Nun treten wir ins Zeitalter der Weisheitsarbeiter ein.

Neuerdings kommt
es darauf an, den
eigenen Blick über das
tägliche Getümmel
hinauszuheben,
gelassen von
oben darauf
hinunterzublicken
und aus dieser
Perspektive die
Menschen, Systeme,

Werkzeuge und Informationsflüsse zu orchestrieren, die auf Sie einstürmen.

Wir erleben die Realität als chaotischen Strom von Informationen, der ständig um uns herumrauscht und uns durchfließt. Die Informationen erreichen uns nicht etwa in vorgeformten Portionen, die bereits fein säuberlich als »Projekte« oder »Aufgaben« etikettiert sind. Sie müssen schon selbst Hand anlegen und sich die Informationen herausfischen, die Sie sich zu eigen machen möchten. Es liegt an Ihnen, nur diejenigen Informationen zu erfassen, die Sie weiterbringen – die Sie spüren lassen, dass Sie lebendig sind.

Menschen, die zum ersten Mal mit PARA arbeiten, merken oft, dass Sie bereits über mehr als genug Wissen verfügen, um das Ziel Ihrer Träume zu verfolgen.

Angesichts all des wertvollen Rohmaterials, das Sie bereits an einem Ort angesammelt haben – ob durch eigene Erfahrungen oder die Erfahrungen anderer –, drängt sich förmlich diese Schlussfolgerung auf:

Sie sind bereit.

Wovon träumen Sie? Wie viel von dem, was Sie sich in einem Monat, einem Jahr, drei oder fünf Jahren zutrauen würden, könnten Sie – Hand aufs Herz – heute schon anpacken?

PARA verspricht Ihnen, dass es ganz einfach ist, sich »besser zu organisieren« – und schnell erledigt obendrein. Sie können dann hinter Ihrem Computerbildschirm hervorkommen und sich der Welt stellen – mit all den Möglichkeiten, die sie bietet. Sie könnten die Machtquellen anzapfen, die Ihnen in Ihrem Umfeld zur Verfügung stehen, und so Ihren eigentlichen Lebenszweck erfüllen.

BONUSMATERIAL

Häufig gestellte Fragen zu PARA

Damit Sie PARA in Ihrem digitalen Leben leichter umsetzen können, stelle ich Ihnen kostenlose Online-Ressourcen zur Verfügung – mit weiterführenden Antworten auf die Fragen, die mir zu PARA am häufigsten gestellt werden. Greifen Sie gern darauf zu – und auch auf die Updates, die ich im Zuge des technologischen Wandels künftig noch vornehmen werde. Registrieren Sie sich dazu auf unserer Website unter

buildingasecondbrain.com/para/bonus
(in englischer Sprache).

Über den Autor

TIAGO FORTE gehört zu den führenden Produktivitätsexperten der Welt und hat schon Tausenden Menschen rund um den Globus beigebracht, wie sie mithilfe zeitloser Grundsätze und modernster Technologie ihre Produktivität, Kreativität und Ihre persönliche Effektivität revolutionieren können. Er arbeitet mit Organisationen wie Genentech, Toyota Motor Corporation und der Inter-American Development Bank zusammen. Seine Beiträge erschienen in verschiedenen Publikationen, darunter die *New York Times, The Atlantic* und die *Harvard Business Review.* Mehr erfahren Sie auf fortelabs.com. Von ihm ist bereits *Nutzen Sie Ihr zweites Gehirn* im Redline Verlag erschienen.

Die vergessene Kunst, ohne Burn-out zu arbeiten

Dauerhafte Ablenkung und ständige Erreichbarkeit sorgen dafür, dass es immer mehr Menschen schwerfällt, sich zu konzentrieren und produktiv zu arbeiten. Auf Basis der Arbeitsgewohnheiten berühmter Denker – von Galileo und Isaac Newton bis hin zu Jane Austen und Georgia O'Keefe – verfasst Newport seine Philosophie der *Slow Productivity,* einer nachhaltigen Alternative zur heillosen Überforderung unserer Zeit.
So zeigt er, wie man sich auf die wichtigsten Aufgaben fokussiert, seinen digitalen Konsum reduziert und sinnvolle Ziele verfolgt. Newport plädiert dafür, in einem natürlicheren Tempo zu arbeiten und sich nicht mehr auf Quantität zu fokussieren, sondern auf Qualität zu besinnen.

224 Seiten
Hardcover
22,00 € (D) | 22,70 € (A)
ISBN 978-3-86881-953-3

www.redline-verlag.de

REDLINE | VERLAG